遥感科学与技术教材

ENVI 图像处理基础实验教程

Guide to ENVI Image Processing

邓　磊　付姗姗　编著

测绘出版社
·北京·

内 容 简 介

　　本书是一本指导读者在掌握遥感原理的基础上运用遥感软件对遥感图像进行处理的书籍,着重介绍了借助 ENVI 软件对遥感图像处理的方法。通过本书的学习,读者能够对遥感图像处理的基本原理有清晰的了解,并能够掌握遥感图像处理软件的具体操作方法,实现从学习到应用的快速转化。全书共有 18 个实验,前 16 个实验为遥感图像处理原理的基础实验,最后2 个实验为结合实际应用的综合实验。

　　本书内容丰富,具有可操作性强和适用性广泛的特点,可供遥感及相关领域的高校师生和研究人员使用。

图书在版编目(CIP)数据

ENVI 图像处理基础实验教程/邓磊,付姗姗编著
. -- 北京:测绘出版社,2015.10 (2022.1 重印)
遥感科学与技术教材
ISBN 978-7-5030-3776-4

Ⅰ. ①E… Ⅱ. ①邓… ②付… Ⅲ. ①遥感图像-图像处理-教材 Ⅳ. ①TP751

中国版本图书馆 CIP 数据核字(2015)第 200151 号

责任编辑	吴　芸		封面设计　李　伟		责任校对　董玉珍

出版发行	**测绘出版社**		电　话	010-68580735(发行部)	
				010-68531363(编辑部)	
地　址	北京市西城区三里河路 50 号				
邮政编码	100045		网　址	www.chinasmp.com	
电子信箱	smp@sinomaps.com		经　销	新华书店	
成品规格	184mm×260mm		印　刷	北京建筑工业印刷厂	
印　张	9.5		字　数	230 千字	
版　次	2015 年 10 月第 1 版		印　次	2022 年 1 月第 3 次印刷	
印　数	3601-4800		定　价	30.00 元	

书　号　ISBN 978-7-5030-3776-4

本书如有印装质量问题,请与我社发行部联系调换。

序

随着科学的发展与进步,全球化、网络化和智能化的新时代已经到来,遥感技术的应用也快速由专业化走向了产业化与社会化。半个世纪以来,遥感技术已经渗透到人们生活、工作的诸多方面,尤其是在信息服务和灾害应急等与社会民生紧密相关的领域,愈加显示出其强大的力量。遥感技术作为一门应用性很强的科学,已经在社会各个行业得到了应用,影响广泛而深远。

近年来,遥感领域飞速发展,在各方面取得了巨大的突破。遥感影像获取向着专业、及时、稳定和丰富的方向发展,高分辨率影像、多光谱影像、雷达影像以及专题影像的获取保证了影像来源的专业性与丰富性,卫星星座计划、星天地一体化获取等多源方式保证了影像来源的及时与稳定。大量的遥感影像及其产生的各种信息依托网络的发展,传播迅速、应用多元深入;信息全球共享、处理与应用社会化等新的遥感应用方式不断得到发展(如众包平台);遥感信息处理的定量化、高精度、高效率及其应用的综合化与集成化,已是大势所趋。这些遥感方面的创新与突破,使得带有地理编码的高分辨率遥感影像的应用也随之发展开来。例如,面对自然灾害,遥感技术能更高效地监测洪水、海啸及台风等;多时相的动态遥感影像数据能很好地反映土地利用状况,节省大量的人力物力;作为地理信息系统的核心数据源,遥感影像以丰富的信息,形成"谷歌地球"等产品,方便了人们生活。

在遥感应用领域迅猛拓展和快速更新的当前,现有科技进步和新的应用领域、新的目标需求等对人们处理遥感数据的能力也提出了更高的要求。高等院校"遥感科学与技术"专业的设置正是顺应了这一时代需求,它是在测绘科学、空间科学、电子科学、地球科学、计算机科学等多学科交叉渗透、相互融合的基础上发展起来的一门新兴边缘学科。目前,业界对遥感科学与技术人才的需求较大,相关人员的理论和实践能力都亟待提高。为了满足遥感学科发展的新要求,紧跟遥感技术取得的创新技术和理论成果,并指导"遥感科学与技术"专业学生理论和实践知识的学习,遥感科学与技术教学系列教材应运而生。

该系列教材既立足于遥感领域的发展现状,又紧跟遥感技术发展趋势,既注重对遥感技术基本理论的归纳,也强调实际操作技能的提高,对遥感技术方面的专业人员培养能起到较好的效果。该系列教材既包括对遥感图像处理理论与方法的解析,又涵盖针对 ENVI、ERDAS 和 eCognition 等商业软件的具体操作和应用的详细讲解,内容深入浅出,具有很强的可操作性。

该系列教材的编著者主要由长期扎根于遥感领域的中青年专家担纲。他们具有丰富的遥感科研实践经验,并承担相关课程的具体教学任务,这些工作经历都为系列教材的编纂打下了坚实基础并积累了丰富的素材。我衷心祝愿该系列教材对从事该领域科研、教学和管理的人员,以及高等学校相关专业的学生、研究生有所帮助,为国家信息化建设和国民经济的建设起到一定的推动作用。

宫辉力

2014 年 5 月

前　言

随着遥感技术的飞速发展,遥感图像在国民经济与社会发展的各个领域得到了广泛的应用,各种类型的遥感图像已经成为人们工作、生活中的重要组成部分。遥感技术的应用对遥感图像的处理水平和能力提出了更高的要求,加强遥感图像的处理与分析迫在眉睫。

尽管国内外出版了许多有关遥感图像处理的书籍,但是,到目前为止还没有一套适合我国高校课堂学习与实习的教材,尤其是与遥感课程配套的、浅显易上手的教材。本书旨在体现学科前沿和发展动向,指导高校教学,深化遥感教学。通过重点介绍 ENVI 软件处理遥感图像的方法,指导读者了解遥感图像基本原理,掌握遥感图像处理软件的具体操作方法,以实践巩固理论,培养分析问题和解决问题能力。

本书面向高校学生及与遥感领域相关的专业人员,指导思想和特点是:①注重实践能力的培养,采用实验的方式,逐步介绍操作步骤,可操作性极强;②突出高校教材编写的特点,在基础知识讲解方面进行概括、总结与提升,在保持体系完整的同时突出重点和主线;③充分吸收与借鉴国内外优秀教材和研究成果,保证教材的先进性;④面向技术前沿,突出 ENVI 软件的优势功能,将高光谱遥感分析、SARscape、IDL 等作为教材重要组成部分(用"＊"标出);⑤对实验的处理过程进行详细介绍,并包含"思考与练习",以加深读者对实验的理解;⑥对重要知识点和操作以"小提示"方式进行了说明,帮助读者更好地理解知识,更快地解决操作中的问题。

本书大纲由邓磊拟定,共有 18 个实验。前 16 个实验为遥感图像处理原理的基础实验,最后 2 个实验为结合实际应用的综合实验。各实验具体编写分工为:实验一、二、四、五、六、八、九、十三、十六、十七由付姗姗编写;实验三、七由张儒侠和郭亚会编写;实验十、十四、十八由邓磊编写;实验十五由闫亚男编写;实验十一、实验十二由邓磊和闫亚男编写;全书由邓磊和付姗姗负责统稿。本书实验数据可从测绘出版社网站(www.chinasmap.com)的下载中心下载。

本书部分内容来源于作者主持和参加的科研项目。本书是作者在该领域教学工作的小结,汇聚了首都师范大学资源环境与旅游学院集体的智慧。感谢首都师范大学遥感科学与技术系全体教师的付出与首都师范大学三维信息获取与应用教育部重点实验室的支持。

由于编者水平有限,书中难免存在不妥之处,恳请读者批评指正。

2015 年 3 月

目 录

ENVI 简介

由美国 ITT Visual Information Solutions 公司开发的 ENVI(the environment for visualizing images)是一款利用交互式数据语言(interactive data language,IDL)编写的,集遥感与地理信息系统为一体的专业软件。ENVI 主要包括图像数据输入与输出、图像定标、图像增强、图像校正、数据融合、图像分类,以及图像变换、信息提取、三维立体显示等功能,是一款功能完善的遥感数字处理系统。

在基本功能上,它还具有一些独有的特点,如为高光谱数据提供了一整套的处理工具;基于 IDL 开发,便于用户根据需要灵活扩展其功能,为动态图像分析提供有力支持。此外,ENVI还包含丰富的扩展模块,如大气校正(atmospheric correction)模块、立体像对高程提取(DEM extraction)模块和高级雷达图像处理扩展(SARscape)模块等,使遥感图像处理更加专业、便捷。

ENVI 较高版本(自 ENVI 5.0 开始)采用了全新的界面,包括菜单栏、工具栏、图层管理、状态栏、工具箱几个组成部分,所有功能都可以集中到一个界面中进行操作,从整体上增强了用户体验。与此同时,也保留了 ENVI Classic 菜单和三视窗操作的经典界面,可供用户选择使用。

本书采用 ENVI 5.1 版本进行实验操作,由于全新的软件界面中没有完全包含 ENVI Classic 所有功能,如 Select GCP:Image to Image 等,因此在实验中大部分用 ENVI Classic 经典模式进行操作,但对于一些新界面中特有的功能也进行了介绍。

实验一　图像显示

一、简介

ENVI Classic 经典界面由一个主菜单构成,其显示功能通过显示(Display)窗口来实现。显示窗口是显示图像的主要窗口,主要由主图像(Image)窗口、滚动(Scroll)窗口和缩放(Zoom)窗口三部分构成。显示窗口的功能有很多,包括图像的显示、图像信息查看及注记(Annotation)等。

主图像窗口是以实际图像的分辨率显示滚动窗口中红色方框内的区域。滚动窗口显示经过重采样后的整幅图像。缩放窗口则把主图像窗口中的红方框区域放大显示。

二、实验目的

(1)了解并熟悉 ENVI 软件中图像显示的基本操作。

(2)掌握利用 ENVI 软件查询图像信息与注记的操作方法。

三、实验内容

首先,在 ENVI 中打开一幅多光谱图像,然后显示其彩色图像和灰度图像;查看图像信息;最后,通过显示窗口进行图像注记。

四、实验数据

路径	文件名称	格式	说明
实验 1\数据\	test1	img	TM 多光谱图像
实验 1\数据\	test1	hdr	ENVI 对应头文件

五、实验步骤

(1)在计算机桌面中选择开始→所有程序→ENVI5.1→32-bit→ENVI Classic(32-bit),启动 ENVI Classic 经典界面,显示主菜单,如图 1-1 所示。

图 1-1　ENVI Classic 主菜单

(2)在 ENVI 主菜单中选择 File→Open Image File,打开 Enter Data Filenames 对话框,选择"实验 1\数据\test1.img",如图 1-2 所示。

图 1-2　选择图像文件

（3）单击图 1-2 中的【打开】按钮，弹出 Available Bands List 对话框。单击选中 RGB Color，然后依次单击列表中"test1.img"图像的 Band 4、Band 3 和 Band 2 三个波段，列表下方的 RGB 标签中分别显示"Band 4：test1.img"、"Band 3：test1.img"和"Band 2：test1.img"。设置完成后如图 1-3 所示。

图 1-3　可用波段列表对话框

☆小提示

（1）利用主菜单中的 Window→Available Bands List 可以直接打开可用波段列表对话框。

（2）利用主菜单中的 Window→Start New Display Window 可以直接打开显示窗口。

（3）可用波段列表对话框包含打开的所有图像，用于图像的显示。在 Display＃1 下拉菜单中选择 New Display，可以打开一个新的显示窗口。

（4）单击图 1-3 中的【Load RGB】按钮，显示彩色图像，如图 1-4 所示。

图 1-4　显示彩色图像

☆小提示

　　在可用波段列表对话框中单击【Gray Scale】按钮，然后单击列表中的"test1.img"图像的 Band1，然后单击【Load Band】按钮，将显示单波段 Band1 的灰度图像。

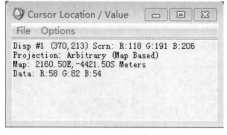

图 1-5　查询图像信息

（5）在主图像窗口中选择 Tools→Cursor Location/ Value（或者在显示窗口中单击鼠标右键，选择 Cursor Location/ Value），打开 Cursor Location/ Value 对话框，显示图像信息。在图像上移动鼠标，对话框中的信息将动态更新。对话框中内容主要包括像元坐标、投影信息、地图坐标和原始 DN 值等，如图 1-5 所示。查看完毕后可关闭 Cursor Location/ Value 对话框。

（6）标记注记。在主图像窗口中选择 Overlay→Annotation...，打开 Annotation 对话框。通过选择 Object→Text 选择文本类型注记；在 Window 中选择 Scroll 在滚动窗口中标记注记；Color 颜色方框中鼠标右键单击后选择 Black；字体（Font）设为 Roman 3；大小（Size）设为 20；在文本框中输入"Beijing TM image"；其他设置保持默认。设置完成后如图 1-6 所示。

（7）在滚动窗口中单击鼠标左键确定注记摆放位置，调整好后单击鼠标右键，完成注记绘制，如图 1-7 所示。

图 1-6　注记对话框

图 1-7　图像上标记注记

六、思考与练习

(1)在窗口显示"test1.img"的第二波段灰度图像,并利用光标查询功能查看不同地物在第二波段图像的灰度值。

(2)对 TM 多光谱图像用不同的波段组合进行 RGB 彩色显示,思考波段信息与颜色之间的对应关系。

实验二 数据的输入与输出

一、简介

遥感数字图像必须以一定的格式存储才能有效地保存和利用。遥感图像成像机制不同、获取途径不同，以及遥感图像处理平台支持的格式不同决定了遥感图像存储格式的多样性。在处理时要进行图像格式之间的转换才能进行下一步的操作与利用。

ENVI 软件支持大量不同类型的航空和航天传感器的图像，包括全色、多光谱、高光谱、雷达、热红外、激光雷达等。它具有强大的输入、输出功能，可以读取超过 90 种的数据格式，包括 HDF、GeoTIFF 和 NITF 等格式。

下面以 Landsat-5 图像数据存储格式为例，说明数据存储格式的复杂性。

(1)Landsat-5 GeoTIFF 格式是在 TIFF 6.0 的基础上发展起来的，并且完全兼容 TIFF 6.0格式。在 TIFF 图像中有关图像的信息都存放在 Tag 中，并且规定软件在读取 TIFF 格式图像时如果遇到非公开或者未定义的 Tag，一律作忽略处理，所以对于一般的图像软件来说，GeoTIFF 与一般的 TIFF 图像没有什么区别，不会影响对图像的识别。对于可以识别GeoTIFF格式的图像软件，可以反映出有关图像的一些地理信息。

(2)Landsat-5 EOSAT FAST FORMAT-B 格式，简称 FASTB。它包含头文件和图像文件两类，后缀均为.dat。头文件是数据的说明文件，共 1 536 字节，全部为 ASCII 码字符，包括该数据的产品标识、轨道号、获取时间、增益偏置、投影信息、图像四角点和中心地理坐标等信息。图像文件只含有图像数据，不包括任何辅助数据信息。

(3)Landsat-5 CCRS LGSOWG 格式，符合 LGSOWG 和加拿大 CCRS 的有关规范，该格式所包含的辅助数据全面，但结构比较复杂，且许多说明字段为二进制码，不易直接阅读。文件分为卷目录文件、头文件、图像文件、尾文件和卷尾标识文件五类。

二、实验目的

(1)认识遥感图像的存储格式。
(2)掌握 ENVI 软件不同格式数据的输入、输出方法。

三、实验内容

应用 ENVI 软件对 Landsat-5 的 Geo TIFF 格式的数据进行输入，并生成 ENVI 能够直接打开的.dat 格式图像。

四、实验数据

路径	文件名称	格式	说明
实验 2\数据\	L5123032_03220090922_MTL	txt	Landsat-5 图像元数据

续表

路径	文件名称	格式	说明
实验 2\数据\	L5123032_03220090922_B10	tif	Landsat-5 图像第一波段数据
实验 2\数据\	L5123032_03220090922_B10.tif	enp	Landsat-5 图像元数据
实验 2\数据\	L5123032_03220090922_B20	tif	Landsat-5 图像第二波段数据
实验 2\数据\	L5123032_03220090922_B20.tif	enp	Landsat-5 图像元数据
实验 2\数据\	L5123032_03220090922_B30	tif	Landsat-5 图像第三波段数据
实验 2\数据\	L5123032_03220090922_B30.tif	enp	Landsat-5 图像元数据
实验 2\数据\	L5123032_03220090922_B40	tif	Landsat-5 图像第四波段数据
实验 2\数据\	L5123032_03220090922_B40.tif	enp	Landsat-5 图像元数据
实验 2\数据\	L5123032_03220090922_B50	tif	Landsat-5 图像第五波段数据
实验 2\数据\	L5123032_03220090922_B50.tif	enp	Landsat-5 图像元数据
实验 2\数据\	L5123032_03220090922_B60	tif	Landsat-5 图像第六波段数据
实验 2\数据\	L5123032_03220090922_B60.tif	enp	Landsat-5 图像元数据
实验 2\数据\	L5123032_03220090922_B70	tif	Landsat-5 图像第七波段数据
实验 2\数据\	L5123032_03220090922_B70.tif	enp	Landsat-5 图像元数据
实验 2\数据\	band1	img	ERDAS 软件数据

五、实验步骤

（1）在 ENVI 主菜单中选择 File → Open External File → Landsat → Geo TIFF with MetaData，打开 Enter Landsat Metadata Filenames 对话框，选择"实验 2\数据\L5123032_03220090922_MTL.txt"，如图 2-1 所示。

图 2-1　选择输入图像

（2）单击图 2-1 中【打开】按钮，弹出可用波段列表对话框。可以看到 ENVI 自动读取元数据信息，并将数据按类型分为多光谱波段与热红外波段两类，同时显示出图像数据所包含的地理信息，如图 2-2 所示。

（3）在可用波段列表对话框（图 2-2）中选中"TM Meta（Band1）（0.4850）"，单击【Load Band】按钮，显示第一波段图像，如图 2-3 所示。

图 2-2　可用波段列表对话框　　　　　　图 2-3　TM 第一波段图像

（4）在 ENVI 主菜单中选择 File→Save File As→ENVI Standard，弹出 New File Builder 对话框，进行输出图像设置，如图 2-4 所示。

图 2-4　输出图像设置

（5）单击图 2-4 中的【Import File...】按钮，弹出 Create New File Input File 对话框，选中多光谱文件"L5123032_03220090922_MTL.txt"（有六个波段的文件），如图 2-5 所示。

图 2-5 选择输出图像

☆小提示

(1)通过【Spatial Subset】按钮,可以实现对图像的输出范围进行裁剪,包括按照样本行列数、图像交互、地理坐标、其他文件、关注区(region of interest,ROI)或矢量等方式。

(2)通过【Spectral Subset】按钮,可以实现对图像输出波段的选择,可以选择需要的波段进行输出。

(6)单击图 2-5 中的【OK】按钮,完成输出波段选择并返回到 New File Builder 对话框。在 Enter Output Filename 中设置输出文件的路径和文件名为"实验 2\结果\landsat5.dat"。设置完成后如图 2-6 所示。

图 2-6 设置输出图像的保存路径

(7)单击图 2-6 中的【OK】按钮，完成数据输出。

六、思考与练习

用 ENVI 将 ERDAS 图像"实验 2\数据\band1.img"转换为 JPEG2000 格式。（提示：ERDAS软件的图像数据格式为.img，可在 ENVI 主菜单中选择 File→Open External File→IP Software 选项进行查找。）

实验三　波段合成与提取

一、简介

多光谱遥感图像是由若干波段组合而成的图像。多光谱图像中不同的波段包含不同的地物光谱信息。由于在电脑屏幕上显示彩色图像时，一般只能显示 3 个波段的信息，因此波段的选择十分重要，它决定了彩色图像显示地物信息的丰富程度或某一方面信息的突出性。实际应用中，适当的波段组合能够使目标特征更加突出，对遥感图像解译具有重要意义。波段合成是根据加色法彩色合成原理，对遥感图像的某三个波段分别赋予红色(red)、绿色(green)和蓝色(blue)，得到彩色合成图像。根据不同的实际应用需要，选择不同的波段显示会达到良好的目视效果，利于进行进一步的图像处理工作。

波段提取指从多光谱图像中提取出所需要的波段进行应用，这样可以减少数据量，节省存储空间和图像处理时间。

二、实验目的

(1)了解遥感图像波段合成的原理及意义。
(2)掌握将多个单波段图像合成一个多光谱图像的方法。
(3)掌握从多光谱图像中提取一个单波段图像的方法。

三、实验内容

在 ENVI 中将多个单波段图像合成一个具有多个波段的多光谱图像，进行彩色显示，再从多光谱图像中提取两个波段，得到一个具有两个波段的多光谱图像的数据。

四、实验数据

路径	文件名称	格式	说明
实验 3\数据\	band1	img	北京 TM 单波段图像
实验 3\数据\	band1	hdr	ENVI 对应头文件
实验 3\数据\	band2	img	北京 TM 单波段图像
实验 3\数据\	band2	hdr	ENVI 对应头文件
实验 3\数据\	band3	img	北京 TM 单波段图像
实验 3\数据\	band3	hdr	ENVI 对应头文件
实验 3\数据\	band4	img	北京 TM 单波段图像
实验 3\数据\	band4	hdr	ENVI 对应头文件
实验 3\数据\	band5	img	北京 TM 单波段图像
实验 3\数据\	band5	hdr	ENVI 对应头文件
实验 3\数据\	band6	img	北京 TM 单波段图像

续表

路径	文件名称	格式	说明
实验 3\数据\	band6	hdr	ENVI 对应头文件
实验 3\数据\	band7	img	北京 TM 单波段图像
实验 3\数据\	Band7	hdr	ENVI 对应头文件
实验 3\数据\	TM_beijing	img	北京 TM 多光谱图像
实验 3\数据\	TM_beijing	hdr	ENVI 对应头文件

五、实验步骤

(一)波段合成

(1)在 ENVI 中选择"实验 3\数据\",依次打开 band1—band7 单波段灰度图像,打开后可用波段列表显示图像的波段信息和地理信息,结果如图 3-1 所示。

图 3-1　可用波段列表对话框

☆小提示

　　ENVI 支持同时打开多幅图像。在 Enter Data Filenames 对话框中,按住 Ctrl 键后鼠标左键依次单击选择要打开的图像即可。

（2）在主菜单中选择 Basic Tools→layer stacking，打开 Layer Stacking Parameters 对话框，如图 3-2 所示。

图 3-2　波段合成设置对话框

（3）单击图 3-2 中的【Import File...】按钮，弹出 Layer Stacking Input File 对话框（图 3-3）。依次选择所需要的 TM 波段（本次合成选择 band1—band7 全部，即按住 Shift 键后鼠标左键分别单击 band1 和 band7，或者按住 Ctrl 键后鼠标左键依次单击 band1 至 band7）。设置完成后如图 3-3 所示。单击【OK】按钮，完成合成波段的输入。

图 3-3　选择合成波段

图 3-4　调整合成波段顺序

（4）在 Layer Stacking Parameters 对话框（图 3-2）中单击【Reorder Files...】按钮，对波段合成中输入波段的顺序进行调整。在出现的 Reorder Files 对话框中，用鼠标左键把波段拖曳到合适的位置后松开，即可进行顺序调整（图 3-4）。单击【OK】按钮，完成波段顺序调整。

（5）在 Layer Stacking Parameters 对话框（图 3-5）中，选中 Selected Files for Layer Stacking 文本框所有的波段，输出范围（Output File Range）设为 Exclusive，在 Enter Output Filename 中设置输出文件的路径和文件名为"实验 3\结果\test3.img"，其他设置保持默认。设置完成后如图 3-5 所示。

图 3-5　波段合成设置

☆小提示

　（1）在 Output File Range 中 Inclusive 表示输出图像的范围包含所有输入文件的范围；Exclusive 表示输出图像的范围仅包含输入文件的重叠区域。

　（2）输出文件地图投影信息默认与输入数据保持一致。

（6）单击图 3-5 中的【OK】按钮，合成多光谱图像。

（二）波段提取

（1）在 ENVI 中选择"实验 3\数据\TM_beijing.img"，打开多光谱图像。

（2）在主菜单中选择 Basic Tools→layer stacking，打开 Layer Stacking Parameters 对话框，如图 3-2 所示。

(3)单击图 3-2 中的【Import File...】按钮,弹出 Layer Stacking Input File 对话框。选中 "TM_beijing.img"数据(图 3-6),单击【Spectral Subset】按钮,在出现的 File Spectral Subset 对 话框中进行波段子集选取。本次实验提取第二和第七波段,故选中 Band2,然后按住 Ctrl 键同 时单击 Band7(图 3-7)。单击【OK】按钮,完成波段子集选取。

图 3-6 选择波段提取图像

图 3-7 选择图像波段子集

☆小提示

ENVI 中很多操作都能选取波谱子集(【Spectral Subset】按钮),实现对某一个或多 个波段的提取。例如数据输出、数据调整、图像旋转、数据格式转换、数据拉伸等。

　　(4)单击图 3-6 中的【OK】按钮,返回到 Layer Stacking Parameters 对话框。选中"TM_beijing[Bands2,7]";Output File Range 设为 Inclusive;在 Enter Output Filename 中设置输出文件的路径和文件名为"实验 3\结果\spectral subset.img",其他设置保持默认。设置完成后如图 3-8 所示。

图 3-8　波段提取设置

　　(5)单击图 3-8 中的【OK】按钮,完成波段提取。

六、思考与练习

　　(1)利用北京单波段图像(实验 3\数据\)中的 1、2、3 波段进行波段组合,然后尝试利用 Spatial Subset 将北京城区图提取出来。

　　(2)尝试利用 ENVI 软件中其他的操作方法从北京 TM 多光谱图像(实验 3\数据\TM_beijing.img)中提取出第五波段图像。

实验四　遥感图像辐射校正

一、简介

辐射校正(radiometric correction)的目的是消除辐射畸变。辐射校正一般包括两个步骤：一是辐射定标；二是大气校正。

(一)辐射定标

辐射定标是将传感器记录的数字值(digital number,DN)转换成辐射亮度(radiance)值的过程。辐射定标按照定标位置不同可分为三类，分别是实验室定标、机上或星上定标、场地定标。

将 DN 值转换为辐射亮度值的具体方法如式(4-1)所示。

$$L_\lambda = G \times DN \times B \tag{4-1}$$

式中，L_λ 为辐射亮度值，单位是：瓦特/(厘米^2 · 微米 · 球面度)，其国际单位是 $W/(cm^2 \cdot \mu m \cdot sr)$，$G$ 为增益值，B 为偏移值。实际定标时，G 和 B 一般可以从数据的元数据中读取。

以 TM5 的一级产品为例，具体定标如式(4-2)所示。

$$L_\lambda = \frac{L_{max} - L_{min}}{255} \times DN + L_{min} \tag{4-2}$$

式中，L_{max} 和 L_{min} 分别为最大波长处和最小波长处的辐射亮度，可以从元数据中直接读取。

(二)大气校正

大气校正是消除遥感图像中由大气散射、吸收和反射等所引起的畸变，将辐射亮度或表观反射率(apparent reflectance)转换为地表真实反射率的过程。一般来讲大气校正可分为两种类型：统计型和物理型。物理型是根据遥感系统的物理规律，建立因果关系，从而得到物理模型，它是对显示的抽象，比较复杂，如经典的大气辐射传输模型。本实验只涉及物理型大气校正。

ENVI 软件中的 FLAASH 大气校正模块是一种基于 MODTRAN 模型的辐射传输模型，可以对 Landsat、AVHRR、MODIS、SPOT、ASTER、MERIS、AATSR、IRS 等多光谱数据、高光谱数据、航空图像和自定义格式的高光谱图像进行快速大气校正。

FLAASH 的主要特点如下：

(1)支持多种传感器，可以对多种数据进行校正。

(2)采用 MODTRAN 辐射传输模型，包含多种气溶胶模型，算法精度高，便于应用。

(3)可以有效地去除水蒸气和气溶胶散射效应，并能够对目标像元和邻近像元的交叉辐射进行校正。

(4)通过像元光谱特征估计大气属性，不依赖成像时的同步测量大气参数，实用性更强。

(5)可以获取能见度、卷云与薄云等的分类图像和水汽含量数据。

二、实验目的

(1)理解大气校正的原理。

(2)掌握运用 ENVI 软件进行辐射定标和大气校正的方法。

三、实验内容

在 ENVI 中对遥感图像进行辐射定标,再利用 FLAASH 进行大气校正。

四、实验数据

路径	文件名称	格式	说明
实验 4\数据\	L5123032_03220090922_MTL	txt	Landsat-5 图像元数据
实验 4 数据\	L5123032_03220090922_B10	tif	Landsat-5 图像第一波段数据
实验 4\数据\	L5123032_03220090922_B10	tif.enp	Landsat-5 图像元数据
实验 4\数据\	L5123032_03220090922_B20	tif	Landsat-5 图像第二波段数据
实验 4\数据\	L5123032_03220090922_B20	tif.enp	Landsat-5 图像元数据
实验 4\数据\	L5123032_03220090922_B30	tif	Landsat-5 图像第三波段数据
实验 4\数据\	L5123032_03220090922_B30	tif.enp	Landsat-5 图像元数据
实验 4\数据\	L5123032_03220090922_B40	tif	Landsat-5 图像第四波段数据
实验 4\数据\	L5123032_03220090922_B40	tif.enp	Landsat-5 图像元数据
实验 4\数据\	L5123032_03220090922_B50	tif	Landsat-5 图像第五波段数据
实验 4\数据\	L5123032_03220090922_B50	tif.enp	Landsat-5 图像元数据
实验 4\数据\	L5123032_03220090922_B60	tif	Landsat-5 图像第六波段数据
实验 4\数据\	L5123032_03220090922_B60	tif.enp	Landsat-5 图像元数据
实验 4\数据\	L5123032_03220090922_B70	tif	Landsat-5 图像第七波段数据
实验 4\数据\	L5123032_03220090922_B70	tif.enp	Landsat-5 图像元数据

五、实验步骤

(一)辐射定标

(1)在 ENVI 主菜单中选择 File→Open External File→Landsat→Geo TIFF with Metadata,选择"实验 4\数据\ L5123032_03220090922_MTL.txt",打开 Landsat-5 图像,如图 4-1 所示。

图 4-1　Landsat-5 TM 图像

（2）在 ENVI 主菜单中选择 Basic Tools→Preprocessing→Calibration Utilities→Landsat Calibration，打开 Landsat Calibration Input File 对话框，选中"L5123032_0322009022_MTL. txt"有六个波段的文件，如图 4-2 所示。

图 4-2　选择定标输入图像

（3）单击图 4-2 中的【OK】按钮，弹出 ENVI Landsat Calibration 对话框。定标类型 (Calibration Type)选择 Radiance，在 Enter Output Filename 中设置输出文件的路径和文件名为"实验 4\结果\calibration.img"，其他设置保持默认。设置完成后如图 4-3 所示。

图 4-3　设置输出文件

> ☆小提示
>
> 　（1）Calibration Type 选择 Radiance 时，输出的定标结果为辐射亮度值，选择 Reflectance时，输出的定标结果为反射率。
>
> 　（2）【Edit Calibration Parameters】按钮可以编辑各个波段定标参数，即最大波长（L_{max}）处、最小波长（L_{min}）处辐射亮度值，或者增益或偏移（G/B），默认参数自动从元数据中读取。

（4）单击图 4-3 中的【OK】按钮，进行辐射定标。

（二）存储格式转换

FLAASH 大气校正输入数据存储格式要求为 BIL，而定标处理后的数据存储格式为BSQ，因此需要进行存储格式的转换。

（1）在 ENVI 主菜单中选择 Basic Tools→Convert Data，打开 Convert File Input File 对话框，选中"calibration.img"文件，如图 4-4 所示。

图 4-4　选择输入图像

图 4-5　设置数据转换参数

（2）单击图 4-4 中的【OK】按钮，打开 Convert File Parameters 对话框。在 Output Interleave 选项中选择 BIL，在 Enter Output Filename 中设置输出文件的路径和文件名为"实验 4\结果\ convert interleave.img"，如图 4-5 所示。

（3）单击图 4-5 中的【OK】按钮，完成数据储存格式的转换。

(三)大气校正

(1)在 ENVI 主菜单中选择 Basic Tools→Preprocessing→Calibration Utilities→FLAASH,打开 FLAASH Atmospheric Correction Model Input Parameters 对话框,如图 4-6 所示。

图 4-6　FLAASH 大气校正对话框

(2)单击图 4-6 中的【Input Radiance Image】按钮,选择文件"convert interleave.img",如图 4-7 所示,单击【OK】按钮,弹出 Radiance Scale Factors 对话框,选择 Use single scale factor for all bands,将 single scale factor 设为 10.0,如图 4-8 所示。

图 4-7　选择大气校正文件

图 4-8　设置输入图像尺度拉伸因子

☆小提示

　　由于 FLAASH 大气校正要求输入辐射亮度数据的单位是 $\mu W/(cm^2 \cdot nm \cdot sr)$，而辐射定标后的辐射量度单位为 $W/(m^2 \cdot um \cdot sr)$，因此需要对辐射亮度单位进行转换。$\mu W/(cm^2 \cdot nm \cdot sr) = 10 \times W/(m^2 \cdot um \cdot sr)$，即输入图像需要拉伸 10 倍。Single scale factor 中输入尺度拉伸因子 10。

（3）单击图 4-7 中的【OK】按钮，完成待校正数据的输入并返回 FLAASH Atmospheric Correction Model Input Parameters 对话框，按照以下信息设置参数。设置完成后如图 4-9 所示。

——单击【Output Reflectance File】按钮，设置输出文件为"实验 4\结果\correction.img"。

——单击【Output Directory for FLAASH Files】按钮，选择输出路径为"实验 4\结果"。

——Scene Center Location 中心经纬度保持默认（已自动从元数据中读取）。

——Sensor Type 选择 Landsat TM5。

——Ground Elevation 地面高程为 0.045。

——Flight Date 设为 2009-9-22，Flight Time 为 2：43：22（从元数据文件中获取）。

——在 Atmospheric Model 选择大气校正模型为 Sub-Arctic Summer（根据成像时间和纬度信息选择，具体参考表 4-1）。

——在 Aerosol Model 选择气溶胶模型为 Urban。

——在 Aerosol Retrieval 选择气溶胶反演方法为 2-Band(K-T)。

表 4-1　数据经纬度与获取时间对应的大气模型

纬度/(°N)	一月	三月	五月	七月	九月	十二月
80	SAW	SAW	SAW	MLW	MLW	SAW
70	SAW	SAW	MLW	MLW	MLW	SAW
60	MLW	MLW	MLW	SAS	SAS	MLW
50	MLW	MLW	SAS	SAS	SAS	SAS
40	SAS	SAS	SAS	MLS	MLS	SAS
30	MLS	MLS	MLS	T	T	MLS
20	T	T	T	T	T	T
10	T	T	T	T	T	T
0	T	T	T	T	T	T
−10	T	T	T	T	T	T
−20	T	T	T	MLS	MLS	T

续表

纬度/(°N)	一月	三月	五月	七月	九月	十二月
−30	MLS	MLS	MLS	MLS	MLS	MLS
−40	SAS	SAS	SAS	SAS	SAS	SAS
−50	SAS	SAS	SAS	MLW	MLW	SAS
−60	MLW	MLW	MLW	MLW	MLW	MLW
−70	MLW	MLW	MLW	MLW	MLW	MLW
−80	MLW	MLW	MLW	SAW	MLW	MLW

图 4-9 设置 FLAASH 大气校正参数

☆小提示

Flight Date 和 Flight Time 在元数据文件"L5123032_03220090922_MTL.txt"中获得。利用记事本打开元数据文件,查询字段"ACQUISITION_DAT"和"SCENE_CEN-TER_SCAN_TIME"可以得到具体的图像获取时间。

(4)单击图 4-9 中的【Multispectral Settings...】按钮,弹出 Multispectral Settings 对话框,进行多光谱设置。在 Defaults 下拉菜单中选择 Over-Land Retrieval standard(600:2100nm)。在 Filter Function File 中选择"...\Program Files\Exelis\ENVI51\resource\filterfuncs\tm.sli",其他参数保持默认。设置完成后如图 4-10 所示。单击【OK】按钮,完成多光谱参数设置。

(5)在 FLAASH Atmospheric Correction Model Input Parameters 对话框(图 4-9)中单击【Apply】按钮,进行 FLAASH 大气校正。得到大气校正结果报表(图 4-11)和大气校正后图像(图 4-11)。

图 4-10　设置大气校正多光谱参数

图 4-11　大气校正结果报表

图 4-12　大气校正后图像

六、思考与练习

对实验图像进行辐射校正,比较辐射校正前后图像的差异。

实验五　遥感图像几何校正

一、简介

引起遥感图像几何畸变的原因主要有遥感平台位置和运动状态变化、地形起伏、地球表面曲率、大气折射和地球自转等。几何校正的目的就是要纠正这些几何畸变，确定校正后图像的行列值，并找到新图像中每一像元的亮度值，从而实现遥感图像与参考图像或地图间的配准校正。

常用的几何校正方法有基于多项式的遥感图像校正、基于共线方程的遥感图像校正、基于有理函数的遥感图像校正、基于自动配准的小面元微分纠正等。本实验采用基于多项式的几何校正，其主要步骤为：

（1）选取地面控制点（ground control point，GCP）。根据下一步多项式计算所需未知系数个数来确定控制点的最低限，N 次多项式控制点的最少数为 $(N+1)(N+2)/2$，但是实际应用中，为了校正的准确性，控制点都要大于最低数很多。选取原则为：以配准对象为依据；选取图像上容易分辨并精确的点（如道路交叉点、河流分叉处等）；图像边缘选取一定数量特征点；特征点均匀分布在整幅图像。

（2）多项式校正模型构建。通过合适的多项式，建立两幅图像（基准图像和待校正图像）之间的对应关系。多项式模型的表达式为

$$x = \sum_{i=0}^{m} \sum_{j=0}^{n-i} a_{ij} X^i Y^j \tag{5-1}$$

$$y = \sum_{i=0}^{m} \sum_{j=0}^{n-i} b_{ij} X^i Y^j \tag{5-2}$$

式中，x、y 为像元原始图像坐标，X、Y 为校正后的地面坐标。

（3）重采样。控制点的像元一一定位后，为了得到图像上各个点的亮度值，需要按照一定的规则对图像中各个位置像元的亮度值进行计算，即对图像进行重采样。常用的方法有最邻近法（nearest neighbor）、双线性内插法（bilinear）和三次卷积法（cubic convolution），具体信息如表 5-1 所示。

表 5-1　常用重采样方法

重采样方法	简介
最邻近法	将最邻近的像元值直接赋予输出像元。该方法处理速度快，并且不会改变原始栅格值
双线性内插法	采用双线性方程和 2×2 窗口计算输出像元值。该方法重采样结果比最邻近法的结果更加光滑，但改变原来的栅格值，丢失微小特征
三次卷积法	用三次方程和 4×4 窗口计算输出像元值。该方法加强栅格细节，但是算法复杂，计算量大，并改变原来栅格值，可能超出栅格值域

二、实验目的

(1)了解几何校正的原理和意义。

(2)掌握运用 ENVI 软件对遥感图像进行几何校正的方法。

三、实验内容

在 ENVI 中使用多项式校正方法对遥感图像进行控制点选取,采用不同的重采样方式,实现图像的几何校正。

四、实验数据

路径	文件名称	格式	说明
实验 5\数据\	BLDR_SPOT	img	SPOT 高分辨率图像
实验 5\数据\	BLDR_SPOT	hdr	ENVI 对应头文件
实验 5\数据\	BLDR_TM	img	TM 多光谱图像
实验 5\数据\	BLDR_TM	hdr	ENVI 对应头文件
实验 5\数据\	BLDR_SP	pts	控制点 GCPs 文件

五、实验步骤

(1)在 ENVI 中选择"实验 5\数据\BLDR_SPOT.img",打开 SPOT 高分辨率图像并显示,和 TM 多光选择"实验 5\数据\BLDR_TM.img",打开 TM 多光谱图像,如图 5-1 所示。其中,SPOT 图像已具有空间地理信息,将其作为基准图像,TM 图像为待几何校正图像。

(a)基准图像　　　　　　　　(b)待几何校图像

图 5-1　基准图像和待几何校正图像

（2）在 ENVI 主菜单中选择 Map→Registration→Select GCPS：Image to Image，打开 Image to Image Registration 对话框，Base Image（基准图像）选中 Display ♯1（SPOT 图像），Warp Image（待几何校正图像）选中 Display ♯2（TM 图像），如图 5-2 所示。

（3）单击图 5-2 中的【OK】按钮，打开 Ground Control Points Selection 对话框，进入控制点采集状态，如图 5-3 所示。

图 5-2　选择基准图像和待几何校正图像　　图 5-3　地面控制点选择对话框

☆小提示

（1）Degree 为预测控制点、计算误差（RMS）的多项式次数，范围是 1～3，计算方法为 $(n+1)\times(n+2)/2$。

（2）当控制点到达一定数量时才能更改 Degree 值，如 Degree 值更改为 2 时，最少的控制点数目为 $(2+1)\times(2+2)/2=6$，此时可以预测控制点，计算误差。

（4）在 Display ♯1 的缩放窗口中，点击左下角第三个按钮，打开定位十字标。寻找明显的地物特征，把光标移动到该位置，单击鼠标左键，将该点作为输入 GCP，如图 5-4 所示。

（5）在 Display ♯2 的缩放窗口中，点击左下角第三个按钮，打开定位十字标。把光标移到与 Display ♯1 相对应的位置，单击鼠标左键，作为输入 GCP 数据，如图 5-5 所示。

（6）在 Ground Control Points Selection 对话框（图 5-3）中单击【Add Point】按钮，完成一对控制点采集。同时单击【Show List】按钮，打开 Image to Image GCP List 对话框，可以看到 Image to Image GCP List 对话框中显示基准图像与待几何校正图像的 X、Y 坐标信息，如图 5-6 所示。

（7）重复步骤（4）至步骤（6），直到采集足够多的均匀分布控制点。当选择的控制点达到 $(1+1)\times(1+2)/2=3$ 时，RMS 将自动计算。同时 Ground Control Points Selection 对话框中的【Predict】按钮变为可用，即可进行控制点预测。选取完毕后控制点信息如图 5-7 所示。

（8）在 Ground Control Points Selection 对话框（图 5-3）中选择 Options→Automatically Generate Points，打开 Warp Image Band Matching Choice 对话框，选中 Band5，如图 5-8 所示。

（9）单击图 5-8 中的【OK】按钮，弹出 Automatic Tie Points Parameters 对话框，将最大匹配点数（Number of Tie Points）设为 80，其他保持默认设置。设置完成后如图 5-9 所示。

图 5-4 基准图像上选取控制点

图 5-5 待校正图像上选取对应控制点

图 5-6 生成一组对应的控制点

图 5-7　控制点信息

☆小提示

控制点预测方法为:在基准图像上选取一个控制点后,单击【Predict】按钮,校正图像上会自动跳到该点对应的位置。

图 5-8　选择匹配波段

图 5-9　设置自动生成控制点参数

(10)单击图 5-9 中的【OK】按钮,自动生成控制点。

(11)在 Image to Image GCP List 对话框中,选择 Options→Order Points by Error,RMS值由高到低排列,结果如图 5-10 所示。

(12)在 Image to Image GCP List 对话框中,选中 RMS 最高的控制点,单击【Delete】按钮。重复操作,直到 RMS 值小于 1(即一个像元)。

图 5-10　控制点按 RGS 排列

☆ 小提示

　　本实验提供控制点数据文件,读者可以使用控制点进行进一步的几何校正。使用方法如下:在 Ground Control Points Selection 对话框中选择 File→Restore GCPs from ASCII,打开数据"实验 5\数据\BLDR_SP.pts",单击【OK】。读者也可以将自己选取的控制点数据文件进行保存,供以后使用。

　　(13)在 Ground Control Points Selection 对话框(图 5-3)中选择 Options→Warp File(as Image to Map),弹出 Input Warp Image 对话框,选择"BLDR_TM.img"待几何校正文件(TM 图像),如图 5-11 所示。

图 5-11　选择几何校正文件

（14）单击图 5-11 中的【OK】按钮，打开 Registration Parameters 对话框。投影参数和像元大小保持默认，与基准图像一致。校正方法（Method）选择多项式（Polynomial），次数选择（Degree）选择 2，在重采样方法（Resampling）下拉框中选择最邻近法（Nearest Neighbor），背景值（Background）为 0，在 Enter Output Filename 中设置输出文件的路径和文件名为"实验5\结果\registration.img"，如图 5-12 所示。

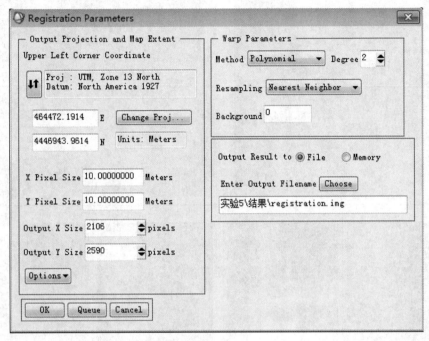

图 5-12　设置几何校正参数

（15）单击图 5-12 中的【OK】按钮，完成几何校正。

（16）在主图像窗口中选择 Tools→Link→Link Display...（或者在主图像窗口单击鼠标右键选择 Link Displays），打开 Link Displays 对话框，将 Display ♯(1)与 Display ♯3 设为 Yes，如图 5-13 所示。

图 5-13　关联几何校正后图像与基准图像

(17)单击图 5-13 中的【OK】按钮,完成几何校正后图像与基准图像关联。可以在 Display ♯1 的主图像窗口上单击鼠标左键,在缩放窗口中检验校正的结果,如图 5-14 所示。

(a) 基准图像   (b) 几何校正后图像

图 5-14   查看几何校正结果

六、思考与练习

(1)在步骤(15)的校正参数中选取不同的校正方法与重采样方法(如 RST 几何校正法、三次卷积等),比较得出的结果有何不同。

(2)查看几何校正后的图像,思考哪些因素会影响几何校正精度。

实验六 遥感图像彩色变换

一、简介

一般人眼只能分辨20个左右的灰度级,而对彩色的分辨能力可以达到100多种。因此对遥感图像进行彩色变换可以大大加强图像的可读性,便于图像解译。

(一)单波段彩色变换(伪彩色密度分割)

单波段遥感图像可按像元值分层,对每层赋予不同色彩使之成为一幅彩色图像,就是所谓的密度分割(density splitting)。密度分割可使图像轮廓更清晰,突出某些具有一定色调特征的地物及分布状态,在隐伏构造、显示环境污染范围,以及寻找地下水等方面有广泛的应用。密度分割后所得彩色图像的色彩是人为赋予的,一般并不代表地物的实际颜色,所以一般也称密度分割为伪彩色密度分割。

例如,对一幅具有255个灰度级的图像进行分层,将像元值为0~50的划分为第一层,赋值为1;像元值51~150为第二层,赋值为2;像元值151~255为第三层,赋值为3。再令1、2、3分别代表不同的颜色,就得到一幅伪彩色密度分割图像。

(二)多波段彩色合成

根据加色法彩色合成原理,选取遥感图像的三个波段,分别赋予红色、绿色和蓝色,得到彩色合成图像。

彩色合成图像的波段选择十分重要,它决定了彩色图像显示地物信息的丰富性或某一方面信息的突出性。当合成图像三原色的选择与多光谱波段相同时,称之为真彩色合成;三原色选择与原来遥感波段所代表的真实颜色不同时,称之为伪彩色合成。

以 Landsat TM 图像为例,波段1是蓝波段(0.45~0.52 μm),波段2为绿波段(0.52~0.60 μm),波段3为红波段(0.63~0.69 μm),波段4为近红外波段(0.76~0.90 μm)。若对4、3、2波段分别赋予红、绿和蓝色,合成的彩色图像称为标准假彩色图像。对3、2、1波段分别赋予红、绿和蓝色,合成的图像称为真彩色图像。两种波段组合条件下地物光谱特征如表6-1所示。

表 6-1 不同组合条件下地物光谱特征

波段组合	图像特征	应用领域
TM 432(RGB) 标准假彩色	植被呈现红色调;深红色/亮红色为阔叶林;浅红色为草地等生物量较小的植被;水体呈黑色;密集的城市地区为青灰色	在植被、农作物、土地利用和湿地分析的遥感方面,这是最常用的波段组合
TM 321(RGB) 真彩色	健康植被绿色;深水呈深蓝色;浅水呈浅蓝色;水体悬浮物为絮状;土壤为棕色或褐色	对浅水透视效果好,可用于监测水体的浊度、含沙量、水体沉淀物质形成的絮状物、水底地形

(三)彩色空间变换

在 RGB 彩色模式之外还有很多不同的彩色模式,如 IHS、HLV、HLS 等。其中,HLS 是色调(hue,H)、明度(lightness,L)和饱和度(saturation,S)的彩色模式,几乎包括人类视力所感知的所有颜色,视觉效果较好。

明度指色彩的明亮程度,取值范围是 0~1;色调指颜色的类别取值范围是 0~360;饱和度代表颜色的纯度,取值范围是 0~1。把 RGB 彩色模式转换为 HLS 彩色模式称为 HLS 正变换,将 HLS 彩色模式转换为 RGB 彩色模式称为 HLS 逆变换。

二、实验目的

(1)理解遥感图像彩色变换的基本原理。

(2)掌握运用 ENVI 软件对遥感图像进行密度分割、彩色合成和 HLS 变换的方法。

三、实验内容

在 ENVI 中对单波段遥感图像进行伪彩色密度分割;然后对多光谱遥感图像进行真彩色合成显示;最后对真彩色图像进行 HLS 变换。

四、实验数据

路径	文件名称	格式	说明
实验 6\数据\	test6	img	TM 多波段图像
实验 6\数据\	test6	hdr	ENVI 对应头文件
实验 6\数据\	TM_beijing	img	北京 TM 多光谱图像
实验 6\数据\	TM_beijing	hdr	ENVI 对应头文件

五、实验步骤

(一)密度分割

(1)在 ENVI 中选择"实验 6\数据\test6.img",打开 TM 单波段图像并显示,如图 6-1 所示。

图 6-1　TM 单波段图像

（2）在主图像窗口中选择 Tools→Color Mapping→ Density Slice...（或者在主图像窗口选择 Overlay → Density Slice...），打开 Density Slice Band Choice 对话框，选中 band7，如图 6-2 所示。

图 6-2　选择密度分割输入波段

（3）单击图 6-2 中的【OK】按钮，在弹出 Density Slice 对话框（图 6-3）中选择 Options→Set Number of Default Ranges...，打开 Set Number of Default Range 对话框。本实验密度分割为 5 层进行彩色显示，故默认密度分割层数（Number of Default Range）设为 5，如图 6-4 所示。

图 6-3　密度分割对话框

图 6-4　设置默认密度分割层数

（4）单击图 6-4 中的【OK】按钮，返回 Density Slice 对话框。选择 Options→Apply Default Ranges，完成密度分割层数设置，结果如图 6-5 所示。

（5）在 Density Slice 对话框（图 6-5）中，选中第一个分割层"3 to 52［Red］"，单击【Edit Range】按钮，弹出 Edit Density Slice Range 对话框，设置选中分隔层的分割范围与颜色。在 Range Min 文本框中输入 3；在 Range Max 文本框中输入 9；单击 Color 下拉菜单，更改 Range Color 为红色（Red）。设置完成后如图 6-6 所示。

图 6-5　应用分割层数

图 6-6　编辑分割层属性

　　(6)单击图 6-6 中的【OK】按钮,返回到 Density Slice 对话框(图 6-5)。依次编辑其他四个分隔层的分割范围与颜色,其中第二层范围是 10～23,颜色为绿色(Green);第三层范围是 24～39,颜色为蓝色(Blue);第四层范围是 40～47,颜色为黄色(Yellow);第五层范围是 48～255,颜色为青色(Cyan)。设置完成后如图 6-7 所示。

　　(7)单击图 6-7 中的【Apply】按钮,完成密度分割,显示效果如图 6-8 所示(彩图见封二)。

图 6-7　设置密度分割参数　　　　　　图 6-8　密度分割图像显示

☆小提示
　　在 Density Slice 对话框中,选择 Options→Change Density Slice Band...,可以更改要分割的波段。

(二)彩色合成

　　(1)在 ENVI 中选择"实验 6\数据\TM_beijing.img",打开 TM 多光谱图像。

　　(2)在 Available Band List 对话框中,勾选 RGB Color,然后依次单击 Band3、Band2 和 Band1,如图 6-9 所示。

　　(3)单击图 6-9 中的【Load RGB】按钮,显示真彩色图像,如图 6-10 所示。

图 6-9　选择彩色显示波段

图 6-10　真彩色图像显示

（4）在主图像窗口中选择 File→Save Image AS→Image File…，打开 Output Display to Image File 对话框。在 Output File Type 下拉菜单中选择 ENVI，在 Enter Output Filename 中设置输出文件的路径和文件名为"实验6\结果\true color.img"，其他设置保持默认，设置完成后如图 6-11 所示。

（5）单击【OK】按钮，完成真彩色图像显示结果的保存。

（三）HLS 变换

（1）在 ENVI 主菜单中选择 Transform→Color Transform→RGB to HLS，打开 RGB to HLS Input 对话框（图 6-12），由于 Display ♯1 中已经显示了"TM_beijing.img"的真彩色图像，直接选中 Display ♯1 即可。若没有显示所需的 RGB 图像，可在 Available Band List 中选择 RGB 波段。

（2）单击图 6-12 中的【OK】按钮，弹出 RGB

图 6-11　保存真彩色显示图像

to HLS Parameters 对话框。在 Enter Output Filename 中设置输出文件的路径和文件名"实验 6\结果\hls_transform.img"，设置完成后如图 6-13 所示。

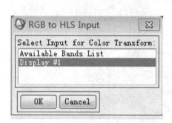

图 6-12　选择 HLS 变换输入图像　　　　图 6-13　设置 RGB to HLS 参数

（3）单击图 6-13 中的【OK】按钮，完成 RGB 到 HLS 变换结果如图 6-14 所示。

（4）在 ENVI 主菜单中选择 Transform→Color Transform→HLS to RGB，打开 HLS to RGB Input Band 对话框（图 6-15），依次单击列表中"hls_transform.img"图像的 Hue、Lit、Sat 三个波段。单击完成后，列表下方的 HLS 标签中分别对应显示三个波段，如图 6-15 所示。

图 6-14　RGB to HLS 变换后图像　　　　图 6-15　选择 HLS to RGB 输入波段

（5）单击图 6-15 中的【OK】按钮，弹出 HLS to RGB Parameters 对话框。在 Enter Output Filename 中设置输出文件的路径和文件名"实验 6\结果\rgb_transform.img"，如图 6-16 所示。

（6）单击图 6-16 中的【OK】按钮，完成 HLS 到 RGB 变换，结果如图 6-17 所示。

图 6-16　设置 HLS to RGB 参数　　　图 6-17　HLS to RGB 变换后图像

六、思考与练习

（1）对遥感图像"实验 6\数据\TM_beijing"进行标准假彩色显示（提示：TM 图像标准假彩色指对 4、3、2 波段分别赋予红、绿和蓝色）。

（2）对上述标准假彩色图像进行 RGB 到 HSV 的正变换。

实验七　遥感图像对比度增强

一、简介

遥感图像中,亮度的最大值与最小值之比称为对比度。对比度不足会使图像看起来暗淡、模糊,无法清楚地表现图像中地物之间的差异;对比度下降将影响图像的进一步处理和分析。导致遥感图像对比下降的因素有地物本身辐射特性、传感器响应特性、大气作用、人为因素及其他因素等。对比度增强是通过改变图像中像元的亮度值来改变图像的对比度,从而改善图像质量,可以突出有价值的地物信息,提高遥感图像的目视解译效果。

常用的对比度增强方法有线性拉伸、直方图均衡化和直方图匹配等。

(一)线性拉伸

线性拉伸是最常用的图像增强方法,它是通过对图像的像元值进行比例变化来加大图像灰度的动态范围,从而达到增强图像的对比度的效果。顾名思义,线性拉伸采用线性函数为拉伸函数,通过对波段中的单个像元值进行处理,以实现图像增强。在此过程中,直方图是选择拉伸方法的依据。当变化前图像亮度 X 取值范围是 $[a,b]$,增强后图像亮度值 Y 取值范围是 $[c,d]$ 时,由于线性拉伸的变换关系是直线,所以线性拉伸公式为

$$\frac{Y-c}{d-c}=\frac{X-a}{b-a} \quad X\in[a,b], \quad Y\in[c,d] \tag{7-1}$$

整理式(7-1),可以得到线性拉伸的基本公式

$$Y=\frac{d-c}{b-a}(X-a)+c \tag{7-2}$$

(二)直方图均衡化

非线性拉伸是拉伸函数为非线性函数,相对于线性拉伸,非线性拉伸可以逐渐地增加或减少一段范围内的反差。常用的非线性函数包括指数函数、对数函数、平方根和高斯函数等。直方图均衡化是一种非线性拉伸。

直方图均衡化的基本思想是对原始图像的像元灰度做某种映射变换,使变换后图像的灰度级均匀分布。这样可以增加图像灰度的动态范围,提高图像的对比度,使图像的细节更加清楚。但是,在增大图像反差的同时,直方图均衡化也会增加图像的颗粒感。

理论上讲,直方图均衡化后,每个灰度级的像元频率应相等,直方图的顶部形态应为理想的直线,但实际上均衡化后的直方图并非如此。这是由于图像是离散函数,各灰度级的像元个数有限,在某些灰度级处像元数较多,而在另一些灰度级处像元数很少甚至可能没有。

(三)直方图匹配

直方图匹配又称直方图规定化,是为了将单波段图像直方图变成规定形状直方图而对图像进行转换的一种增强方法。其规定转换形状的直方图可以是特定函数形式的直方图,从而使转换后图像的亮度变化服从此函数分布,也可以是参考图像的直方图,通过转换使两幅图像的亮度变化规律接近。

　　在遥感图像处理中,直方图匹配可应用于:①图像镶嵌中,通过直方图匹配使相邻两幅图像的色调和反差趋于相似;②多时相图像处理中,以一个时相的图像为标准,调节其他时相图像的色调和反差与其接近,以便作进一步处理;③以一幅增强后比较满意的图像为标准,对其他图像作处理,期望得到类似的结果。

二、实验目的

(1)了解图像对比度增强的原理。

(2)掌握 ENVI 软件中线性拉伸、直方图均衡与直方图匹配等对比度增强方法。

三、实验内容

　　在 ENVI 中,对实验数据进行线性拉伸、直方图均衡与直方图匹配,达到对比度增强的目的。

四、实验数据

路径	文件名称	格式	说明
实验 7\数据\	test7	img	TM 多光谱图像
实验 7\数据\	test7	hdr	ENVI 对应头文件
实验 7\数据\	object 2008	img	匹配参考图像
实验 7\数据\	object 2008	hdr	ENVI 对应头文件
实验 7\数据\	tm 2008	img	待匹配图像
实验 7\数据\	tm 2008	hdr	ENVI 对应头文件

五、实验步骤

(一)线性拉伸

　　(1)在 ENVI 中选择"实验 7\数据\test7.img",打开 TM 多光谱图像并显示,如图 7-1 所示。

　　(2)在主图像窗口中选择 Enhance→Interactive stretching,弹出交互式拉伸对话框,如图 7-2 所示。

　　(3)在交互式拉伸对话框中选择 Stretch_Type→Linear,进行线性拉伸。鼠标左键拖拽输入直方图(Input Histogram)中的垂直线(图 7-2 左侧的白色虚线)到合适的位置(或者在 Stretch 上方文本框中输入所需的像元值或百分比)实现拉伸。

> ☆小提示
>
> 　　交互式拉伸对话框中右上角的 R、G、B 三个选项可设置被拉伸直方图的波段,对于彩色图像默认的是红色波段。单击 G 选项,可以切换到绿色波段的直方图进行拉伸。

　　(4)单击图 7-2 中的【Apply】按钮,对图像进行线性拉伸。拉伸结果如图 7-3 所示。

图 7-1　TM 多光谱图像

图 7-2　交互式拉伸对话框

(a)线性拉伸前图像   (b)线性拉伸后图像

图 7-3　线性拉伸结果

☆小提示

　　(1)主图像窗口中单击 Enhance,可以选择快速拉伸方式,例如选择 Enhance→[Image]Liner,就是快速线性拉伸。

　　(2)ENVI 中显示的图像默认会被进行 2‰ 线性拉伸。

　　(5)在拉伸后的主图像窗口中选择 File→Save Image As→Image File...,打开 Output Display to Image File 对话框。在 Output File Type 下拉框中选择 ENVI,在 Enter Output Filename 中设置输出文件的路径和文件名为"实验 7\结果\liner.img",其他设置保持默认。设置完成后如图 7-4 所示。

　　(6)单击图 7-4 中的【OK】按钮,保存线性拉伸图像。

(二)直方图均衡化

　　(1)在 ENVI 中选择"实验 7\数据\test7.img",打开 TM 多光谱图像并显示,如图 7-1 所示。

　　(2)在主图像窗口中选择 Enhance→[Image] Equalization(图 7-5),对图像进行直方图均衡化显示。均衡化结果如图 7-6 所示。

图 7-4　保存线性拉伸显示图像

图 7-5　直方图均衡化

(a) 直方图均衡化前图像

(b) 直方图均衡化后图像

图 7-6　直方图均衡化结果

> ☆小提示
>
> 　　(1)直方图均衡化的本质是对图像的非线性拉伸。通过重新分配像元值,实现灰度值在一定范围内数量平衡,整体改善图像的显示亮度。
>
> 　　(2)直方图均衡化也可以自定义的方式拉伸,具体操作类似本次实验的实验步骤(一)。

　　(3)在拉伸后的主图像窗口中选择 File→Save Image As→Image File...,打开 Output Display to Image File 对话框。在 Output File Type 下拉菜单中选择 ENVI,在 Enter Output Filename 中设置输出文件的路径和文件名为"实验7\结果\equalization.img",其他设置保持默认。设置完成后如图 7-7 所示。

　　(4)单击图 7-7 中的【OK】按钮,保存直方图均衡化图像。

(三)直方图匹配

　　(1)在 ENVI 中选择"实验 7\数据\ object 2008.img"为直方图匹配参考图像,选择"实验 7\数据\ tm 2008.img"为待匹配图像,分别显示在 Display ♯1 与 Display ♯2 中,如图 7-8 所示。

　　(2)在待匹配图像(Display ♯2)的主图像窗口中选择 Enhance → Histogram Matching...,打开 Histogram Matching Input Parameters 对话框,Match To 选择匹配参考图像(Display ♯1),如图 7-9 所示。

图 7-7　保存直方图均衡化显示图像

　　(3)单击图 7-9 中的【OK】按钮,对图像进行直方图匹配。匹配结果如图 7-10 所示。

　　(4)在匹配后图像(Display ♯2)的主图像窗口中选择 File→Save Image As→Image File...,打开 Output Display to Image File 对话框。在 Output File Type 下拉菜单中选择 ENVI,在 Enter Output Filename 中设置输出文件的路径和文件名为"实验7\结果\histogram match.img",其他设置保持默认。设置完成后如图 7-11 所示。

　　(5)单击图 7-11 中的【OK】按钮,保存直方图匹配图像。

六、思考与练习

　　(1)对遥感图像"实验 7\数据\test7.img"进行自定义的直方图均衡化(提示:在主图像窗口中选择 Enhance→Interactive stretching 进行自定义设置)。

　　(2)对同一幅图像采用对比不同的对比度增强方法,比较不同方法得到图像的特点。

(a) 直方图匹配参考图像　　　　　　　　　　　　　　(b) 待匹配图像

图 7-8　直方图匹配参考图像与待匹配图像

图 7-9　选择匹配参考图像

(a) 直方图匹配前图像　　　　　　　　(b) 直方图匹配后图像

图 7-10　直方图匹配结果

图 7-11　保存直方图匹配图像

实验八　遥感图像空间增强

一、简介

空间增强考虑每个像元及其周围像元亮度之间的关系，从而突出图像的某些空间特征，如边缘或纹理等。它包括空间滤波、傅里叶变换和空间变换等。空间滤波（spatial filtering）是在图像空间域或空间频率域，对输入图像应用若干滤波函数对其中某些空间或频率特征的信息进行增强或抑制，从而对图像进行增强的技术。空间滤波不仅考虑当前像元值，与其周围相邻像元的关系，采取邻域处理方法，达到图像增强的目的。卷积（convolution）是一种常用的空间滤波方法。通过卷积运算，可以使图像得到平滑或锐化。图像卷积是通过卷积模板实现的。首先选定一个卷积模板 $t(m,n)$，然后在图像的左上角开一个与卷积模板同样大小的窗口 $\varphi(m,n)$，将模板放在窗口图像上，计算两者相应位置的像元灰度值的乘积，然后再求和，将结果值作为该窗口中心像元的新的灰度值，完成一次卷积运算。再移动窗口至下一像元，重复利用模板做相同的计算，直到将图像中所有的像元都遍历完，最后生成一幅新的图像。

通过不同的卷积模板可以实现不同的增强，如平滑、锐化、非定向边缘检测、自适应滤波和统计滤波等。常用的平滑和锐化的卷积模板如表 8-1 所示。

表 8-1　常用的平滑和锐化卷积模板

类型	方法名称	算子描述	效果描述
平滑处理	均值滤波	$\dfrac{1}{9}\begin{bmatrix} 1 & 1 & 1 \\ 1 & 1 & 1 \\ 1 & 1 & 1 \end{bmatrix}$ 或 $\dfrac{1}{8}\begin{bmatrix} 1 & 1 & 1 \\ 1 & 0 & 1 \\ 1 & 1 & 1 \end{bmatrix}$	算法简单，计算速度快，但去掉尖锐噪声的同时造成了图像的模糊
	中值滤波	将窗口内所有像元值按照大小排序后，取中值作为中心像元的输出值	在抑制噪声的同时能够有效地保留边缘，减少模糊
	高斯滤波	$\begin{bmatrix} -1 & -1 & -1 \\ -1 & 8 & -1 \\ -1 & -1 & -1 \end{bmatrix}$ 或 $\begin{bmatrix} 0 & -1 & 0 \\ -1 & 5 & -1 \\ 0 & -1 & 0 \end{bmatrix}$	对高斯噪声去除非常有效
锐化处理	罗伯特算子	$h_1=\begin{bmatrix} 1 & 0 \\ 0 & -1 \end{bmatrix}$　　$h_2=\begin{bmatrix} 0 & -1 \\ 1 & 0 \end{bmatrix}$	突出边缘信息，会模糊部分亮度差异部分
	索伯尔算子	$h_1=\begin{bmatrix} 1 & 0 \\ 0 & -1 \end{bmatrix}$　　$h_2=\begin{bmatrix} 0 & -1 \\ 1 & 0 \end{bmatrix}$	非线性边缘增强，对于含有大量噪声的图像不适用
	拉普拉斯算子	$\begin{bmatrix} 0 & 1 & 0 \\ 1 & -4 & 1 \\ 0 & 1 & 0 \end{bmatrix}$ 或 $\begin{bmatrix} 1 & 1 & 1 \\ 1 & -8 & 1 \\ 1 & 1 & 1 \end{bmatrix}$	不检测均匀的亮度变化，而是检测变化率的变化率。用于边缘增强，可以不考虑边缘方向

二、实验目的

(1)了解空间增强的原理。

(2)掌握用 ENVI 软件对遥感图像进行空间增强的方法。

三、实验内容

在 ENVI 软件中,选择合适的卷积模板,对遥感图像进行增强和自适应滤波,实现图像的平滑与锐化,比较处理后的实验结果,了解空间增强的不同效果。

四、实验数据

路径	文件名称	格式	说明
实验 8\数据\	test8	img	雷达单波段图像
实验 8\数据\	test8	hdr	ENVI 对应头文件

五、实验步骤

(一)卷积滤波

(1)在 ENVI 中选择"实验 8\数据\test8.img",打开雷达单波段图像并显示,如图 8-1 所示。

图 8-1　雷达单波段图像

（2）在 ENVI 主菜单中选择 Filter→Convolutions and Morphology，打开 Convolutions and Morphology Tool 对话框。

（3）本实验以高斯低通滤波为例。在 Convolutions and Morphology Tool 对话框中选择 Convolutions→Gaussian Low Pass，卷积核大小（Kernel Size）保持默认设置 3×3，设置完成后如图 8-2 所示。

图 8-2　设置滤波参数

☆小提示

　　（1）Convolutions（卷积）选项中能够设置卷积模板，包括高通滤波、低通滤波、拉普拉斯算子、方向滤波、高斯高通滤波、高斯低通滤波、中值滤波、索伯尔（Sobel）算子和罗伯特（Roberts）算子等。

　　（2）Kernel Size，确定卷积窗口的大小，一般为奇数，常用的算子为 3×3、5×5 和 7×7 三组，根据实际需要可以自己设定。

　　（3）Image Add Back（0～100）％（图像加回），是原始图像在输出图像所占的百分比，值越大，图像信息保留情况越好，常用于图像锐化。

（4）单击图 8-2 中的【Apply To File…】按钮，打开 Convolution Input File 对话框，选中"test8.img"文件，如图 8-3 所示。

（5）单击图 8-3 中的【OK】按钮，打开 Convolution Parameters 对话框，在 Enter Output Filename 中设置输出文件的路径和文件名为"实验 8\结果\Gaussian Low Pass.img"，如图 8-4 所示。

（6）单击图 8-4 的【OK】按钮，执行卷积处理，结果如图 8-5 所示。

（7）重复步骤（2）至步骤（6），分别选取不同的卷积模板（如拉普拉斯算子和中值滤波），可以观察到不同的运算效果，如图 8-6 所示。

图 8-3 选择滤波文件

图 8-4 选择输出图像路径   图 8-5 高斯低通滤波结果

(a) 拉普拉斯滤波　　　　　　　　　　　(b) 中值滤波

图 8-6　拉普拉斯滤波和中值滤波结果

(二)自适应滤波

(1)本次实验以增强 Lee 滤波为例。在 ENVI 主菜单中选择 Filter → Adaptive → Enhanced Lee，打开 Enhanced Lee Filter Input File 对话框，选中"test8.img"，如图 8-7 所示。

图 8-7　选择滤波输入图像

（2）单击图 8-7 中的【OK】按钮，打开 Enhanced Lee Filter Parameters 对话框，将滤波窗口大小，即卷积模板大小（Filter Size）设为 3；阻尼系数（Damping Factor）设为 1；在 Enter Output Filename 中设置文件的路径和文件名为"实验 8\结果\Enhanced Lee.img"；其他设置保持默认。设置完成后如图 8-8 所示。

（3）单击图 8-8 中的【OK】按钮，执行自适应滤波，结果如图 8-9 所示。

图 8-8　设置滤波参数　　　　　　　　　图 8-9　增强 Lee 滤波结果

☆小提示

（1）Damping Factor，阻尼系数越大，图像越不均匀，保留的边缘信息越多，但平滑较少。对于大多数雷达图像，保持默认值 1 即可。

（2）Homogenous Areas(C_u)与 Heterogeneous Areas(C_{max})用于限定像元类别。当方差系数$\leqslant C_u$时，为相似像元；当$C_u \leqslant$方差系数$\leqslant C_{max}$时，为差异像元；当方差系数$\geqslant C_{max}$时，为指向目标的像元。

（3）根据等效视数 L 确定雷达图像的 C_u 值与 C_{max} 值。其中$C_u = \dfrac{0.523}{\sqrt{L}}$，$C_{max} = \sqrt{1 + \dfrac{2}{L}}$。

六、思考与练习

(1)对遥感图像"实验 8\数据\test8.img"采取 Roberts 卷积模板进行滤波,比较其结果与采用 Median 卷积模板结果的异同。

(2)对遥感图像"实验 8\数据\test8.img"进行 Frost 滤波,比较其结果与采用增强 Lee 滤波结果的异同。

实验九　遥感图像镶嵌与裁剪

一、简介

单幅遥感图像有时不能完全覆盖研究区域,此时需要将两幅或多幅图像拼接,形成一幅或一系列覆盖研究区域的较大图像,这个过程就是图像镶嵌。有时遥感图像覆盖范围很大,远远超出研究区域,此时就要对图像进行裁剪。图像裁剪的目的是将研究区域之外的区域去除。

(一)基于地理坐标的图像镶嵌

ENVI 软件有基于像元和基于地理坐标的两种镶嵌方法。本次实验采用基于地理坐标的图像镶嵌方法。基于地理坐标的图像镶嵌要求待拼接图像必须含有地图投影信息,虽然所有的带拼接图像可以具有不同的投影类型,不同的像元大小,但必须有相同的波段数。在进行图像拼接时需要确定一幅参考图像,将其作为图像镶嵌的基准,决定输出图像的地理投影、像元大小和数据类型。为了便于图像镶嵌,一般要保证镶嵌图像之间有一定的重复区域并进行亮度值匹配。

(二)不规则分幅裁剪

图像裁剪可以采取规则分幅裁剪和不规则分幅裁剪两种方法。规则分幅裁剪的裁剪边界是一个规则矩形;不规则分幅裁剪的裁剪边界是一个完整闭合的任意多边形。该多边形可以是事先生成的一个多边形区域,可以是一个手工绘制的关注区(ROI)多边形,也可以是矢量文件。

二、实验目的

(1)了解图像镶嵌、裁剪定义。
(2)掌握运用 ENVI 软件对图像进行基于地理坐标的图像镶嵌、不规则分幅裁剪的方法。

三、实验内容

在 ENVI 中对两幅有地理坐标的遥感图像进行图像镶嵌,然后对镶嵌后图像进行不规则分幅裁剪。

四、实验数据

路径	文件名称	格式	说明
实验 9\数据\	LCH_01W	img	基于地理坐标镶嵌图像
实验 9\数据\	LCH_01W	hdr	ENVI 对应头文件
实验 9\数据\	LCH_02W	img	基于地理坐标镶嵌图像
实验 9\数据\	LCH_02W	hdr	ENVI 对应头文件
实验 9\数据\	DV06_2	img	基于像元镶嵌图像
实验 9\数据\	DV06_2	hdr	ENVI 对应头文件
实验 9\数据\	DV06_3	img	基于像元镶嵌图像
实验 9\数据\	DV06_3	hdr	ENVI 对应头文件

图 9-1 基于地理坐标的图像镶嵌对话框

五、实验步骤

(一)基于地理坐标的图像镶嵌

（1）在 ENVI 主菜单中选择 Map → Mosaicking → Georeferenced，打开 Map Basic Mosaic 对话框，如图 9-1 所示。

（2）在 Map Basic Mosaic 对话框中选择 Import → Import Files…，打开 Mosaic Input Files 对话框，单击 Open → New File…，选择"实验 9\数据\LCH_01W.IMG"与"实验 9\数据\LCH_02W.IMG"，打开待拼接图像，如图 9-2 所示。

（3）选中"LCH_01W.IMG"和"LCH_02W.IMG"，单击图 9-2 中的【OK】按钮，导入要镶嵌的两幅图像并显示在 Mosaic 对话框中，如图 9-3 所示。

图 9-2 选择镶嵌图像

（4）在 Mosaic 对话框（图 9-3）中，右键单击"♯1 Band 1:LCH_02.IMG[RED]"（或者右键单击"LCH_02.IMG"图像），选择 Edit Entry，打开 Entry 对话框（图 9-4）。将 Data Value to Ignore 设为 0，羽化半径（Feathering Distance）设为 20，颜色平衡（Color Balancing）选择 Fixed，其他设置保持默认。设置完成后如图 9-4 所示。

图 9-3　图像导入到镶嵌对话框　　　　图 9-4　设置基准图像羽化参数

☆小提示

（1）羽化用于调和待拼接图像间的连接线，使之适当模糊，以产生较自然的拼接效果。ENVI 提供边缘羽化和切割线羽化两种方式。

（2）边缘羽化中，羽化半径为 20 表示从距离边缘线 20 个像元起开始进行羽化处理，顶部图像与底部图像按照百分比混合输出，距离边缘线越远，顶部图像所占百分比越大（边缘处为 0），距离边缘线 10 个像元时，顶部和底部各站 50% 来混合计算输出图像。

（5）单击图 9-4 中的【OK】按钮，完成基准图像参数设置。

（6）在 Mosaic 对话框（图 9-3）中，右键单击"♯2Band 1：LCH_01.IMG［Green］"（或者右键单击 LCH_01.IMG 图像），选择 Edit Entry，打开 Entry 对话框。将 Data Value to Ignore 设为 0，Feathering Distance 设为 20，Color Balancing 选择 Adjust，其他设置保持默认。设置完成后如图 9-5 所示。

☆小提示

Color Balancing 设为 Adjust，调节图像的对比度，使其与另一幅图像相匹配；设为 Fixed 则不会改变对比度。

（7）单击图 9-5 中的【OK】按钮，完成图像参数设置。镶嵌效果如图 9-6 所示。

图 9-5　设置调节图像羽化参数

图 9-6　查看镶嵌效果

图 9-7　设置镶嵌参数

（8）在 Mosaic 对话框（图 9-6）中，选择 File→Apply，打开镶嵌参数 Mosaic Parameters 对话框，设置镶嵌参数。在 Resampling 下拉框中选择 Nearest Neighbor，背景值（Background Value）设为 0。在 Enter Output Filename 中设置输出文件的路径和文件名为"实验9\结果\LCH_mosaic.img"。设置完成后如图 9-7 所示。

（9）单击图 9-7 中的【OK】按钮，完成图像镶嵌。

（二）不规则分幅裁剪

（1）在 ENVI 中选择"实验 9\结果\LCH_mosaic.img"，打开镶嵌结果图像并显示，如图 9-8 所示。

（2）在主图像窗口中选择 Overlay→Region of Interest，打开 ROI Tool 对话框，如图 9-9 所示。

（3）在 ROI Tool 对话框（图 9-9）中选择 ROI_Type→Polygon，设置绘制的形状为多边形；Window 选择 Scroll，设置绘制关注区的窗口为滚动窗口。

（4）在滚动窗口中绘制一个多边形，方法为鼠标左键在所要绘制的多边形顶点处单击，单击右键闭合多边形，再次单击右键完成一个多边形绘制，结果如图 9-10 所示。

（5）在 ENVI 主菜单中选择 Basic Tools→Subset data via ROIs（或者在 ROI Tool 对话框中选择 File→Subset data via ROIs），弹出 Select Input File to Subset via ROI 对话框，选中"LCH_mosaic.img"，如图 9-11 所示。

图 9-9 关注区工具对话框

图 9-8 图像镶嵌结果显示

图 9-10 选取裁剪范围

图 9-11 选择裁剪图像

（6）单击图 9-11 中的【OK】按钮，打开 Spatial Subset via ROI Parameters 对话框。选中"Region ♯1〔Red〕916018 points"；单击 ⬍ 按钮，将 Mask pixels output of ROI? 设为 Yes，Mask Background Value 设为 0；在 Enter Output Filename 中设置输出文件的路径和文件名为"实验 9\结果\LCH_subset.img"。设置完成后如图 9-12 所示。

（7）单击图 9-12 中的【OK】按钮，完成图像裁剪，如图 9-13 所示。

图 9-12　设置不规则分幅裁剪参数　　　　　　图 9-13　裁剪后图像

☆小提示

　　Mask pixels output of ROI? 设为 No 时，不为关注区外部区域的像元制作掩模，输出的裁剪图像结果仍为规则图像。

六、思考与练习

对两幅没有地理坐标的图像"实验 9\数据\DV06_2.img"和"实验 9\数据\DV06_3.img"进行图像镶嵌处理（提示：在 ENVI 主菜单中选择 Map→Mosaicking→Pixel Based，可以对没有地理坐标的两幅图像进行镶嵌处理，之后的操作类似基于地理坐标的图像镶嵌）。

实验十　遥感图像融合

一、简介

遥感图像包含丰富的信息,由于成像机制不同,不同遥感图像空间分辨率、时间分辨率和辐射分辨率等都各不相同,也分别具备不同的特点。遥感图像融合技术可把多源遥感图像提供的信息进行综合,生成一幅比任何单一图像更精确、信息更丰富的新图像。通过融合,可以有效利用来自不同频段、不同空间尺度的多源遥感数据,充分挖掘遥感数据携带的多种专题信息。例如,多光谱数据与高分辨率图像之间的融合,在提高空间分辨率的同时,又提高了光谱分辨率,因而提升了数据的使用效果。

目前,遥感图像融合方法有很多,如 IHS、高通滤波(highpass filter,HPF)、色彩标准化变换(Brovey)、主成分分析(principal component analysis,PCA)、HSV、假彩色合成、加权平均、小波变换、比值融合、神经网络等,下面分别对 HSV、PCA 和 Brovey 方法进行简要介绍。

(一)HSV 融合法

HSV 融合的基本思路是通过 HSV 彩色变换,把光谱分辨率高、空间分辨率低的图像从 RGB 空间转换到 HSV 空间,分离出色度(Hue,H)、饱和度(Saturation,S)和亮度(Value,V)三个分量。由于 H、S、V 具有相互独立性,可以通过控制它们得到不同的显示效果。

具体过程为将已完成空间配准的、具有高空间分辨率的图像替换低空间分辨率图像的亮度分量 V,将其与 H、S 进行 HSV 至 RGB 的彩色变换,就可得到既具有高空间分辨率,又具有高光谱分辨率的融合图像。

(二)PCA 融合法

PCA 融合法是一种基于主成分变换的融合方法。该方法的基本思路是用一幅高分辨率的图像替代多光谱图像的第一主成分 PC1,增加多光谱图像的空间分辨率。

具体过程为将高分辨率图像经直方图匹配到与多光谱图像 PC1 的方差与均值一致,然后替代多光谱图像的 PC1,最后进行逆变换得到既有多光谱又具有高分辨率的融合图像。主成分变换法可以同时对三个以上多光谱波段进行融合。

(三)Brovey 融合法

Brovey 融合法也称为色彩标准化变换融合,该方法先对多光谱数据进行标准化处理,再用标准化结果乘以高分辨率图像或任意一个需要的数据源得到融合结果。具体过程为 RGB 图像中的每一个波段都乘以高分辨率数据与 RGB 图像波段总和的比值,见式(10-1),然后将 3 个 RGB 波段重采样到高分辨率像元尺寸。

$$F_k(i) = M_k(i) \times \frac{H(i)}{\sum_{j=1}^{n} M_j} \tag{10-1}$$

式中,$F_k(i)$是第 k 波段融合后的图像,$M_k(i)$为第 k 波段图像的像元值,$H(i)$为全色波段(或高分辨率图像波段)的像元值,n 为多光谱的波段数。

该方法优点在于增强图像的同时能够保持原多光谱图像的光谱信息,并且方法简单易操作。

二、实验目的

(1)了解多源遥感数据融合的概念和意义。

(2)理解 HSV 和 PCA 图像融合的原理和过程。

(3)掌握运用 ENVI 软件进行遥感图像融合的方法。

三、实验内容

以 HSV 融合、PCA 融合为例,运用 ENVI 软件将 TM 多光谱图像和 SPOT 高分辨率图像进行融合。

四、实验数据

路径	文件名称	格式	说明
实验 10\数据\	LON_TM	img	TM 多光谱图像
实验 10\数据\	LON_TM	ers	ER Mapper 头文件
实验 10\数据\	LON_SPOT	img	SPOT 高分辨率图像
实验 10\数据\	LON_SPOT	ers	ER Mapper 头文件

五、实验步骤

(一)HSV 融合

(1)在 ENVI 中选择"实验 10\数据\LON_TM.img",打开 TM 多光谱图像并显示,选择"实验 10\数据\LON_SPOT.img"打开 SPOT 高分辨率图像并显示,如图 10-1 所示。通过观察,可以发现 TM 图像具有较丰富的光谱信息,但空间分辨率较低,为 28 m;而 SPOT 图像具有 10 m 空间分辨率,但是光谱信息较差(单波段灰度图像)。

(a) TM图像　　　　　　　　(b) SPOT图像

图 10-1　TM 图像和 SPOT 图像

（2）在可用波段列表底部可以看到 TM 图像尺寸为 1 007×560 像元，SPOT 图像尺寸为 2 820×1 569 像元。因此需要调整 TM 图像的尺寸，使之与 SPOT 图像相同。在 ENVI 主菜单中选择 Basic Tools→Resize Data（Spatial/Spectral），打开 Resize Data Input File 对话框，选中"LON_TM.img"，如图 10-2 所示。

图 10-2　选择尺寸调整输入图像

（3）单击图 10-2 中的【OK】按钮，打开 Resize Data Parameters 对话框（图 10-3）。在 xfac 文本框中输入 2.8（2 820/1 007），即在 X 方向拉伸 2.8 倍；在 yfac 文本框中输入 2.801（1 569/560），即在 Y 方向拉伸 2.801 倍；在 Resampling 下拉框中选择 Nearest Neighbor。在 Enter Output Filename 中设置输出文件的路径和文件名为"实验 10\结果\TM_Resize.img"。设置完成后如图 10-3 所示。

（4）单击图 10-3 中的【OK】按钮，完成图像尺寸调整。

（5）在 ENVI 主菜单中选择 Transform→Image Sharpening→HSV，打开 Select Input RGB Input Band 对话框，依次单击选中 Resize（"Red Layer"：LON_TM.img）、Resize（"Green Layer"：LON_TM.img）、Resize（"Blue Layer"：LON_TM.img），即调整尺寸后的 TM 图像，如图 10-4 所示。

（6）单击图 10-4 中的【OK】按钮，打开 High Resolution Input File 对话框，单击选中"Pseudo Layer"（SPOT 高分辨率图像），如图 10-5 所示。

（7）单击图 10-5 中的【OK】按钮，打开 HSV Sharpening Parameters 对话框，在 Resampling 下拉菜单中选择 Nearest Neighbor，在 Enter Output Filename 中设置输出文件的路径和文件名为"实验 10\结果\HSV.img"，如图 10-6 所示。

图 10-3　设置尺寸调整参数

图 10-4　选择融合多光谱图像

☆小提示

(1)Samples 和 Lines 指文件的列数和行数。可以根据列数和行数调整图像的大小,例如本次实验中直接在 Samples 文本框输入 2 820,Lines 文本框输入 1 569。

(2)Set Output Dims by Pixel Size,可根据像元大小设置输出文件的列数和行数。

图 10-5　选择融合高分辨率图像

☆小提示

　　Resampling 方法主要有最邻近、双线性内插法、三次卷积法,是融合过程中计算输出图像像元值的方法,具体参考实验五。

　　(8)单击图 10-6 中的【OK】按钮,完成 HSV 融合,融合结果如图 10-7 所示。可以发现融合图像在具备 TM 图像多光谱特点的同时,兼具 SPOT 图像高空间分辨率的特点。

图 10-6　设置 HSV 融合参数　　　　　　图 10-7　HSV 融合后图像

(二)PCA 融合

　　(1)在 ENVI 主菜单中选择 Transform→Image Sharpening→PC Spectral Sharpening,打开 Select Low Spatial Resolution Multi Band Input File 对话框,选中"TM_Resize.img"(调整尺寸后 TM 多光谱图像),如图 10-8 所示。

　　(2)单击图 10-8 中的【OK】按钮,打开 Select High Spatial Resolution Input File 对话框,选中"Pseudo Layer"(SPOT 高分辨率图像),如图 10-9 所示。

　　(3)单击图 10-9 中的【OK】按钮,打开 PC Spectral Sharpen Parameters 对话框,在 Resampling 下拉框中选择 Nearest Neighbor,在 Enter Output Filename 中设置输出文件的路径和文件名为"实验 10\结果\PC.img",如图 10-10 所示。

　　(4)单击图 10-10 中的【OK】按钮,完成 PCA 融合。对比融合前后图像,如图 10-11 所示。

图 10-8   选择融合多光谱图像

图 10-9   选择融合高分辨率图像

图 10-10　设置 PCA 融合参数

(a) 融合前TM图像　　　　　　　(b) SPOT图像　　　　　　　(c) PCA融合后TM图像

图 10-11　PCA 融合后图像

六、思考与练习

(1)通过实验操作，加深对 HSV 融合与 PCA 融合原理的理解，对结果进行目视比较。

(2)对实验图像进行 Brovey 融合，比较其结果与 HSV 融合、PCA 融合结果的异同。

实验十一　遥感图像监督分类

一、简介

遥感图像分类是利用计算机对遥感图像中各类地物的光谱信息和空间信息进行分析,选择合适的分类特征,将图像中每个像元按照某种规则或算法划分为不同的类别,然后获得遥感图像中与实际地物的对应信息。遥感图像分类方法可分为:监督分类和非监督分类,本实验介绍监督分类,下一实验介绍非监督分类。

监督分类又称为训练分类法,是一种以统计识别函数为理论基础,依据典型样本训练方法进行分类的技术。首先从研究区域选取有代表性的训练场地作为样本,然后通过选择特征参数(如像元亮度均值、方差等)建立判别函数,据此对样本像元进行分类,最后依据样本类别的特征识别非样本像元的归属类别。监督分类一般可分为四个步骤:定义训练样本、评价训练样本、执行监督分类、分类后处理和评价分类结果。

二、实验目的

(1)理解监督分类方法的基本原理。
(2)掌握利用 ENVI 进行监督分类的操作流程。

三、实验内容

在 ENVI 软件中,对 TM 图像进行监督分类。

四、实验数据

路径	文件名称	格式	说明
实验 11\数据\	test11	img	ROME 地区多光谱图像
实验 11\数据\	test11	hdr	ENVI 对应头文件
实验 11\数据\	class	rol	真实地表关注区文件

五、实验步骤

(一)定义训练样本

1. 打开待分类图像

在 ENVI 中选择"实验 11\数据\test11.img",打开 TM 图像,并依次选择波段 4、3、2 进行彩色显示,如图 11-1 所示。本实验中,定义 5 类样本为林地、耕地、裸地、建筑用地和水体。

2. 选取训练样本

(1)在主图像窗口中选择 Overlay→Region of Interest,打开 ROI Tool 对话框,选择 ROI_Type→Polygon,设置绘制的关注区形状为多边形;Window 选择 Zoom,设置绘制关注区的窗口为缩放窗口,如图 11-2 所示。

(2)在 ROI Name 中输入"水体",命名样本名称为水体;在 Color 中右键单击选择红色(Red),水体样本将以红色显示,如图 11-2 所示。

图 11-1　TM 多光谱图像　　　　　　　　图 11-2　设置关注区字段属性

(3)在缩放窗口中绘制一个多边形关注区,方法为:鼠标左键在所要绘制的多边形顶点处单击,单击鼠标右键闭合多边形,再次单击鼠标右键完成一个多边形关注区绘制,结果如图 11-3 所示。若有多个水体样本,可重复此操作,直至完成水体样本的选取。

(4)在 ROI Tool 对话框(图 11-2)中,单击【New Region】按钮,新建一个新类别的训练样本(如林地)。重复步骤(2)至步骤(3),完成各个类别的训练样本选取,结果如图 11-4 所示。

(5)在 ROI Tool 对话框(图 11-4)中,选择 File→Save ROIs…,打开 Save ROIs to File 对话框。单击【Select All Items】按钮,选中所有关注区,在 Enter Output Filename 中设置输出文件的路径和文件名为"实验 11\结果\training samples.roi",如图 11-5 所示。

(6)单击图 11-5 中的【OK】按钮,保存关注区。

(二)评价训练样本

(1)在 ROI Tool 对话框(图 11-4)中选择 Options→Compute ROI Separability,弹出 Select Input File for ROI Separability 对话框,选中"test11.img",如图 11-6 所示。

(2)单击图 11-6 中的【OK】按钮,打开 ROI Separability Calculation 对话框,单击 Select All Items 选中所有关注区,如图 11-7 所示。

图 11-3　选取水体关注区

图 11-4　训练样本

图 11-5　保存训练样本

☆小提示

　　(1)删除某个关注区只要把鼠标移到该区域然后单击鼠标滚轮；或者在 ROI Tool 中单击【Go to】按钮，定位到该关注区，单击【Delete Part】按钮。

　　(2)删除某个类别关注区，可在 ROI Tool 对话框中单击选中该类别，然后单击【Delete ROI】按钮。

图 11-6　选择可分离性输入图像

图 11-7　设置可分离性参数

☆小提示

　　计算类别间的可分离性是基于 Jeffries-Matusita 距离和转换分离度来确定的。计算出类别间的统计距离后就可以确定两个类别之间的差异性程度。

　　(3)单击图 11-7 中的【OK】按钮，完成可分离性计算，结果如图 11-8 所示。

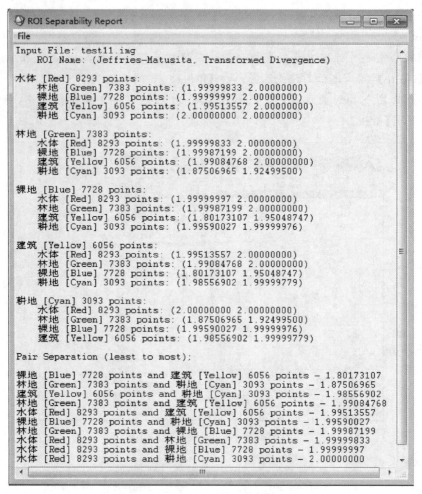

图 11-8 训练样本可分离性报表

☆小提示

在 ROI Separability Report 底部,关注区组合根据可分离性值从小到大排列。参数值范围为 0~2.0。当参数值小于 1 时,可以将两类样本合为一类;小于 1.8 时,需要对样本进行重新选择;大于 1.9 时,样本之间可分离性好。

(三)执行监督分类

(1)在 ENVI 主菜单中选择 Classification→Supervised→Minimum Distance,在弹出的 Classification Input File 对话框中选中"test11.img",如图 11-9 所示。

(2)单击图 11-9 中的【OK】按钮,打开 Minimum Classes from Regions 对话框,设置参数,设置完成后如图 11-10 所示。具体参数设置如下:

——单击【Select All Items】按钮,选择所有关注区;

——在 Set Max stdev from Mean 中设置标准差阈值。选择 Single Value,为所有类别设置一个标准差阈值,Max stdev from Mean 设为 10;

图 11-9　选择监督分类输入图像

图 11-10　设置最小距离分类参数

——在 Set Max Distance Error 中设置最大距离误差。选择 None，不设置最大距离误差；

——在 Enter Output Class Filename 中设置输出文件的路径和文件名为"实验 11\结果\

minimum distance class.img";

　　——在 Enter Output Rule Filename 中设置输出规则文件的路径和文件名为"实验11\结果\minimum distance rule.img"。

☆小提示

　　(1)Set Max stdev from Mean(设置标准阈值差),None 为不设置标准阈值差;Single Value 为所有类别设置一个标准阈值差;Multiple Values 为每个类别分别设置标准阈值差。在 Max stdev from Mean 文本框中输入标准阈值差。

　　(2)Set Max Distance Error(设置最大距离误差),大于最大距离误差值的像元不被分为该类。None 为不设置最大距离误差;Single Value 为所有类别设置一个最大距离误差;Multiple Values 为每个类别分别设置最大距离误差。在 Max Distance Error 文本框中输入最大距离误差值。

　　(3)单击图 11-10 中的【OK】按钮,执行监督分类。

　　(4)显示监督分类后图像。在主图像窗口中选择 Tools→Color Mapping→Class Color Mapping…,打开 Class Color Mapping 对话框,单击选中类别后更改类别颜色,调整分类结果色彩,如图 11-11。设置完成后如图 11-12 所示(彩图见封二)。

图 11-11　类别颜色编辑　　　　　　　图 11-12　颜色调整后分类结果

(四)分类后处理

分类后,图像中会产生一些面积很小的图斑,因此需要对这些小图斑进行合并或剔除分类后处理。ENVI 提供了多种方法,包括类别集群(clump classes)、类别筛选(sieve classes)和类别合并(combine classes)。

1. 类别集群

(1)在 ENVI 主菜单中选择 Classification→Post Classification→Clump Classes,在弹出 Classification Input File 对话框中选中分类后图像"minimum distance class.img"。

(2)单击【OK】按钮,打开 Clump Parameters 对话框。单击 Select All Items,选中所有类别,在 Operator Size Rows 与 Cols 保持默认设置 3,在 Enter Output Filename 中设置输出路径和文件名为"实验 11\结果\clump.img",结果如图 11-13 所示。

(3)单击图 11-13 中的【OK】按钮,执行类别集群。

2. 类别合并

(1)在 ENVI 主菜单中选择 Classification→Post Classification→Combine Classes,弹出 Combine Classes Input File 对话框,选中类别集群后图像"clump.img"。

(2)单击【OK】按钮,打开 Combine Classes Parameters 对话框。选择对应的类别(如"水体[Red] 8293 points"和"水体[Red] 8293 points"),单击【Add Combination】按钮;此外选中"Unclassified"和"裸地"后,单击【Add Combination】按钮,把未分类合并到裸地中,设置结果如图 11-14 所示。

图 11-13　设置类别集群参数

图 11-14　设置类别合并参数

(3)单击图 11-14 中的【OK】按钮,打开 Combine Classes Output 对话框,将 Remove Empty Classes? 选项处单击按钮,设为 Yes,在 Enter Output Filename 中设置输出路径和文件名为"实验 11\结果\combine.img",如图 11-15 所示。

图 11-15　设置类别合并输出图像路径

（4）单击图 11-15 中的【OK】按钮，执行类别合并。

（五）评价分类结果

在执行监督分类后需要对分类效果进行评价。ENVI 提供了多种评价方法，包括分类结果叠加（overlay classes）、混淆矩阵（confusion matrices）和 ROC 曲线（ROC curves）等。本实验将对常用的混淆矩阵方法进行介绍。

（1）在类别合并结果图像的主图像窗口选择 Overlay→Region of Interest，打开 ROI Tool 对话框。

（2）在 ROI Tool 对话框中选择 File→Restore ROIs…，弹出 Enter ROI Filename 对话框，选择真实地表关注区文件的路径和文件名"实验 11\数据\class.roi"，如图 11-16 所示。

图 11-16　选择真实地表关注区文件

（3）单击【打开】按钮，完成关注区文件导入，结果如图 11-17 所示。

（4）在主菜单中选择 Classification → Post Classification → Confusion Matrix → Using Ground Truth ROIs，弹出 Classification Input File 对话框，单击选中类别合并文件"combine.img"，如图 11-18 所示。

（5）单击图 11-18 中的【OK】按钮，打开 Match Classes Parameters 对话框。选择相互匹配的名称（如"水体"和"水体[Red] 8293 points"），单击【Add Combination】按钮，使真实地表上关注区与分类结果图像中对应的各个类别区一一匹配。设置完成后如图 11-19 所示。

图 11-17　感兴趣区域文件导入到类别合并图中

图 11-18　选择精度评价输入图像

（6）单击图 11-19 中的【OK】按钮，打开 Confusion Matrix Parameters 对话框，保持默认设置，选择输出像元（Pixels）、百分比（Percent）和报告精度评价，如图 11-20 所示。

（7）单击图 11-20 中的【OK】按钮，输出混淆矩阵，结果显示在报表中，可以得到总体分类精度（overall Accuracy）、Kappa 系数（kappa coefficient）、混淆矩阵、错分误差（commission）、漏分误差（comission）生产者精度（prod.Acc.）和用户精度（User Acc.），如图 11-21 所示。

图 11-19　设置类别匹配参数　　　　　　　　图 11-20　设置混淆矩阵参数

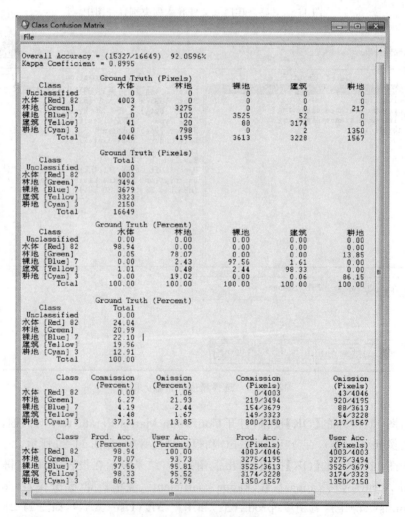

图 11-21　混淆矩阵报表

> ☆小提示
>
> 　　(1)总体分类精度是一种计算分类精度方法,等于正确分类的像元数与总像元数的比值。
>
> 　　(2)Kappa 系数是另外一种计算分类精度的方法,可分为五组来表示各级别一致性:0~0.20 为极低一致性;0.21~0.40 为一般一致性;0.41~0.60 为中等一致性;0.61~0.80 为高等一致性;0.81~1 为几乎完全一致。
>
> 　　(3)混淆矩阵是通过经真实地表像元位置和分类与分类图中的相应位置和分类相比较计算的,每一列中的数值等于地表真实像元在图像中相应类别的数量。

（8）在混淆矩阵报表（Class Confusion Matrix）对话框中选择 File→Save Text to ASCII...,在 Enter Output Filename 中设置路径和文件名"实验 11\结果\class confusion matrix.txt",保存混淆矩阵评价报表。关闭 Class Confusion Matrix 对话框。

六、思考与练习

对实验图像"test11.img"进行最大似然法（maximum likelihood）监督分类并对分类结果评价,比较其分类结果与最小距离法分类结果的异同。思考如何提高监督分类的准确性。

实验十二　遥感图像非监督分类

一、简介

非监督分类是在没有先验类别(训练场地)作为样本的条件下,即事先不知道类别特征,主要根据像元间相似度的大小进行合并(将相似度大的像元归为一类)的方法。非监督分类一般应用在对分类区不了解的情况下,自动化程度较高。总体上包括执行非监督分类、定义类别、合并子类和评价结果等步骤。ISODATA(iterative self-organizing data analysis technique)和K-Means 是两种较为常用的非监督分类算法。

二、实验目的

(1)理解非监督分类的原理。
(2)掌握利用 ENVI 进行非监督分类的操作流程。

三、实验内容

利用 ENVI 软件,对 TM 图像进行非监督分类,然后对分类结果进行类别合并与定义,并评价分类结果。

四、实验数据

路径	文件名称	格式	说明
实验 12\数据\	test12	img	Rome 地区多光谱图像
实验 12\数据\	test12	hdr	ENVI 对应头文件

五、实验步骤

(一)执行非监督分类

(1)在 ENVI 中选择"实验 12\数据\test12.img",打开 TM 图像并显示,如图 12-1 所示。

(2)在 ENVI 主菜单中选择 Classification→Unsupervised→IsoData,在弹出的 Classification Input File 对话框中选中"test12.img",如图 12-2 所示。

(3)单击图 12-2 中的【OK】按钮,打开 ISODATA Parameters 对话框。在类别(Number of Classes)中设置 Min 为 5,Max 为 10;最大迭代次数(Maximum Iterations)为 20;在 Enter Output Filename 中设置输出路径和文件名为"实验 12\结果\isodata.img",其他设置保持默认。设置完成后如图 12-3 所示。

图 12-1 TM 多光谱图像

图 12-2 选择非监督分类输入图像

图 12-3　设置 ISODATA 分类参数

☆小提示

(1)分类总数(number of classes),在实际应用中,一般最小值设为最终分类数,最大值设为最终分类数的 2～3 倍。

(2)迭代限值(maxmum iterations)指重新聚类的次数,迭代次数越大,结果越精确,但运算时间会增长。

(3)变换阈值(change threshold)范围是 0～100。当两次迭代前后变化像元数所占百分比小于阈值时,结束迭代。

(4)一类中最小像元数(minmum ♯ pixel in class)指每个类别包含的最小像元数,当某一类中像元数小于该值时,删除该类。

(5)最大分类标准差(maximum class stdv)指一个类别中标准差的最大值,当某一类标准差大于该值时,该类被拆分为两类。

(6)类别均值最小距离(minimum class distance)指类别均值之间的最小距离,小于该值,类别合并。

(4)单击图 12-3 中的【OK】按钮,执行非监督分类。

(二)定义类别

(1)将原始 TM 图像"test12.img"与非监督分类图像"isodata.img"分别显示在 Display ♯1 与 Display ♯2 中。

(2)在原始 TM 图像(Display ♯1)的主图像窗口中选择 Overlay→Classification,在弹出的 Interactive Class Tool Input File 对话框中选中"isodata.img",如图 12-4 所示。

(3)单击图 12-4 中的【OK】按钮,打开 Interactive Class Tool 对话框。勾选 Class 1 前方的"On"复选框,结果显示在 Display♯1 窗口(勾选区域即 Class1 区域改变颜色),如图 12-5 所示(彩图见封二)。通过观察,颜色变化(变为红色)区域为水体。

图 12-4　选择类别定义输入图像

图 12-5　查看类别颜色

（4）在 Interactive Class Tool 对话框中选择 Options→Edit class color/names，打开 Class Color Map Editing 对话框，定义类别名称和颜色。选中 Class 1，在 Class Name 下文本框中输入"水体"，在 Color 下拉菜单中选择 Blue，单击图 12-6 中的【OK】按钮，完成一个类别定义，如图 12-6 所示。

图 12-6　编辑分类名称和颜色

（5）重复步骤（3）和步骤（4），对每个类别名称和颜色进行定义，结果如图 12-7 所示（彩图见封二）。

（6）在 Interactive Class Tool 对话框中选择 File→Save Changes to File…，保存修改的分类结果。

（三）合并类别

（1）在 ENVI 主菜单中选择 Classification→Post Classification→Combine Classes，弹出 Combine Classes Input File 对话框，选中非监督分类图像"isodata.img"，如图 12-8 所示。

（2）单击图 12-8 中的【OK】按钮，打开 Combine Classes Parameters 对话框。选择对应的类别，把相同类别合并到一起（如林地 2 和林地），单击 Add Combination 按钮，添加到合并方案中。设置结果如图 12-9 所示。

（3）单击图 12-9 中的【OK】按钮，打开 Combine Classes Output 对话框。在 Remove Empty Classes? 选项中选择 Yes，移除空白类别，在 Enter Output Filename 中设置输出路径和文件名为"实验 12\结果\combine.img"，如图 12-10 所示。

图 12-7　编辑完成后类别名称与颜色

图 12-8　选择类别合并输入图像

图 12-9　　设置类别合并参数　　　　　　　　图 12-10　　选择类别合并后图像输出路径

（4）单击图 12-10 中的【OK】按钮，执行类别合并。

六、思考与练习

对实验图像"test12.img"进行 K-Means 非监督分类，比较其分类结果与 ISODATA 非监督分类结果的异同。

实验十三　高光谱分析 *

一、简介

高光谱遥感是高光谱分辨率遥感(hyperspectral remote sensing)的简称,是在电磁波谱的可见光、近红外和热红外范围内,获取很窄的连续光谱数据的技术。高光谱遥感具有很高的光谱分辨率,在地质调查、植被研究、大气遥感、土壤调查、城市环境、水文冰雪、环境灾害等方面,有着广泛的应用,发挥着巨大的作用。

ENVI 软件在高光谱处理方面一直处于领先的地位,它自带的多种标准波谱库,可以用于地物识别等应用。其原理是将获取的连续的地物波谱曲线与标准波谱库的波谱曲线进行对比,当两条波谱曲线一致时,就可以获知该曲线所对应的地物为何种物质。

本次实验以矿物识别为例,介绍高光谱分析在地学研究的应用。实验采用经大气校正后的 EFFORT 数据,具体操作流程如图 13-1 所示。首先对经大气校正后的高光谱数据进行最小噪声分离(minimum noise fraction,MNF)变换,判断数据维度并分离出数据的噪声;然后对 MNF 输出图像进行纯净像元指数(pixel purity index,PPI)分析,得到波谱中的"纯净"像元;接下来把经 MNF 变换和 PPI 分析得到的结果在 n 维可视化(n-D Visualizer)工具中结合,利用 n 维散点图得到纯净端元波谱;然后将提取出的纯净端元波谱与标准波谱库中的物质波谱进行匹配,以进行波谱识别;最后根据识别出的端元对整个高光谱图像进行波谱填图。

图 13-1　高光谱数据处理流程

二、实验目的

(1)了解利用 ENVI 处理高光谱数据的操作流程。
(2)掌握利用 ENVI 对高光谱数据进行地物识别的方法。

三、实验内容

在 ENVI 中,对高光谱图像进行 MNF 变换、PPI 分析、n 维可视化、波谱识别,以及波谱填图等操作,识别矿物类别并填图显示。

四、实验数据

路径	文件名称	格式	说明
实验 13\数据\	cup99hy	eff	大气校正后的 EFFORT 高光谱图像
实验 13\数据\	cup99hy	hdr	ENVI 对应头文件

路径	文件名称	格式	说明
实验 13\数据\	usgs_min	sli	标准矿物波谱库
实验 13\数据\	usgs_min	hdr	ENVI 对应头文件

五、实验步骤

（一）MNF 变换

（1）在 ENVI 中选择"实验 13\数据\cup99hy.eff"，打开高光谱图像。

（2）在 ENVI 主菜单中选择 Spectral→MNF Rotation→Forward MNF→Estimate Noise From Data，在弹出的 MNF Transform Input File 对话框中，选中"cup99hy.eff"，如图 13-2 所示。

图 13-2　选择 MNF 变化输入图像

（3）单击图 13-2 中的【OK】按钮，打开 Forward MNF Transform Parameters 对话框。在 Select Subset from Eigenvalues 处单击 ↕ 按钮，选择 Yes；在 Out Noise Stats Filename 中设置噪声统计文件名和路径"实验 13\结果\Noise.sta"；在 Out MNF Stats Filename 中选择 MNF 统计文件名和路径"实验 13\结果\MNF.sta"；在 Enter Output Filename 中设置输出路径和文件名为"实验 13\结果\MNF.dat"。设置完成后如图 13-3 所示。

（4）单击图 13-3 中的【OK】按钮，打开 Select Output MNF Bands 对话框，选择特征值大于 1 的波段作为输出波段。此实验中，在 Number of Output MNF Bands 中输入 31，如图 13-4 所示。

（5）单击图 13-4 中的【OK】按钮，执行 MNF，产生 MNF 特征曲线（图 13-5）。可以看出，从第 11 个波段开始曲线趋于平缓。关闭 MNF Eigenvalues 对话框。

图 13-3　设置 MNF 正变换参数

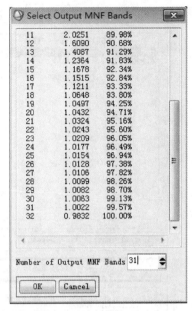

图 13-4　选择 MNF 变换输出波段数

☆小提示

　　Select Subset from Eigenvalues 指根据特征值提取波段。设置为 Yes 时，会弹出一个选取 MNF 输出波段的对话框，显示各个波段的特征值，一般选取特征值大于 1 的波段作为输出波段。设置为 No 时，需要直接输入 MNF 输出波段数。

图 13-5　MNF 特征曲线

(二)PPI 分析获取纯净像元

　　(1)在 ENVI 主菜单中选择 Spectral→Pixel Purity Index→[Fast]New Output Band，在弹出的 Fast Pixel Purity Index Input Data File 对话框中选中"MNF.dat"，单击【Spectral Subset】按钮，选择前 11 个波段，设置完成后如图 13-6 所示。

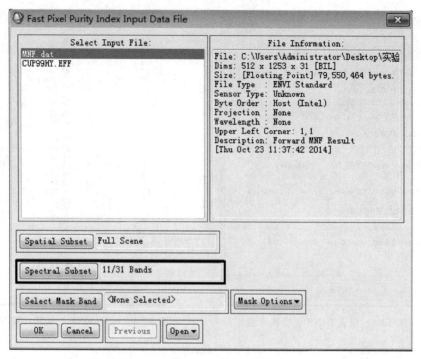

图 13-6　选择 PPI 输入图像

☆小提示

　　PPI 输入的是 MNF 变换结果数据,波段选取噪声较少的波段,即 MNF 特征曲线中特征值较大的波。本次实验为前 11 个波段,后面波段基本为噪声。

　　(2)单击图 13-6 中的【OK】按钮,打开 Fast Pixel Purity Index Parameters 对话框,在 Enter Output Filename 中设置输出路径和文件名为"实验 13\结果\ppi.dat",其他设置保持默认,如图 13-7 所示。

　　(3)单击图 13-7【OK】按钮,执行 PPI 分析并显示 ppi 结果图像。关闭 Pixel Purity Index Plot 对话框。

　　(4)在主图像窗口中选择 Overlay→Region of Interest,打开 ROI Tool 对话框(图 13-8)。

　　(5)在 ROI Tool 对话框中选择 Options→Band Threshold to ROI,打开 Band Threshold to ROI Input Band 对话框,选中"ppi(MNF.dat)",如图 13-9 所示。

　　(6)单击图 13-9 中的【OK】按钮,打开 Band Threshold to ROI Parameters 对话框。Min Thresh Value 设为 10,其他设置保持默认,如图 13-10 所示。

　　(7)单击图 13-10 中的【OK】按钮,纯净像元导入感兴趣区域,如图 13-11 所示。

(三) n 维可视化窗口选择端元波谱

　　(1)在 ENVI 主菜单中选择 Spectral→n-Dismensional Visualizer→Visualize with New Data,在弹出的 n-D Visualizer Input File 对话框中选中"MNF.dat",如图 13-12 所示。

　　(2)单击图 13-12 中的【OK】按钮,打开 n-D Visualizer 和 n-D Controls 对话框。在 n-D

Controls 对话框中依次单击 1、2、3、4、5 波段,构建五维散点图,并把 Speed 设置为 10。散点图显示在 n-D Visualizer 窗口中,如图 13-13 所示。

图 13-7 设置 PPI 分析参数

图 13-8 ROI Tool 对话框

☆小提示

(1)Number of Iterations(迭代次数),迭代次数越高得到结果越精确,但运算时间增加。

(2)Threshold Factor(阈值),指像元值(DN)与极值像元差值的位数,应为噪声等级的 2～3 倍。噪声通常小于 1,所以阈值一般用 2～3。

图 13-9 选择导入到关注区输入波段

图 13-10　设置导入到关注区波段参数　　　　图 13-11　纯净像元导入到关注区

☆小提示

最小阈值(Min Thresh Value),指导入到关注区像元的极值。例如设为 10 时,PPI 值大于 10 的像元将被导入关注区。

图 13-12　选择 n 维可视化输入波段

(3)在 n-D Controls 对话框(图 13-13(b))中,单击【Start】按钮,可以看到 n-D Visualizer 中的散点图以 10 的速度进行旋转,同时 n-D Controls 对话框中的【Start】按钮变为【Stop】。

(a) n-D Visualizer对话框　　　　　　(b) n-D Controls对话框

图 13-13　构建五维散点图

（4）当部分散点聚集到一起，不会随旋转角度的不同而分散时，单击【Stop】按钮。在 n-D Visualizer 对话框（图 13-13(a)）中鼠标左键连续单击，圈出聚集到一起的散点，单击鼠标右键结束。

（5）单击图 13-13(b)中的【Start】按钮，检查圈出散点是否会分散。当看到部分选中的点分散时，单击 Stop 按钮。在 n-D Controls 对话框（图 13-13(b)）中选择 Class→Items 1：20→White，对分散点进行删除。

（6）在 n-D Controls 对话框（图 13-13(b)）中选择 Class→New，新建类别。重复步骤(3)至步骤(5)，完成端元选择。结果如图 13-14 所示。

图 13-14　在 n-D 可视化工具中选择端元

（7）在 n-D Controls 对话框（图 13-13(b)）中选择 Options→Mean All，在弹出的 Input File Associated with n-D Data 对话框中选择"CUP99HY.EFF"作为波谱曲线来源数据，如图 13-15 所示。

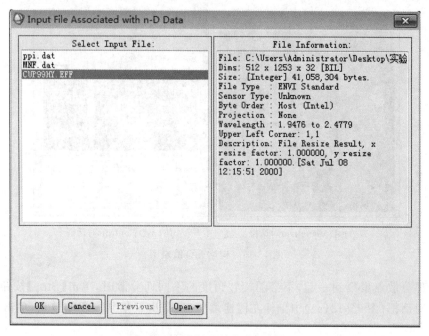

图 13-15 选择波谱曲线来源数据

(8)单击图 13-15 中的【OK】按钮,打开 n-D Mean 对话框。得到像元的平均波谱曲线,如图 13-16 所示。

图 13-16 像元平均波谱曲线

(四)波谱识别

(1)在 ENVI 主菜单中选择 Spectral→Spectral Analyst,在弹出的 Spectral Analyst Input Spectral Library 对话框中,单击【Open】按钮,选择"实验 13\数据\usgs.min.sli",然后选中 "usgs_min.sli",如图 13-17 所示。

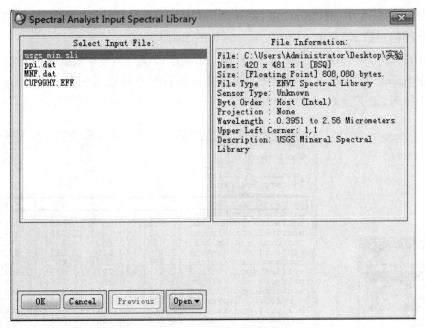

图 13-17　选择波谱分析波谱库

（2）单击图 13-17 中的【OK】按钮，打开 Edit Identify Methods Weighting 对话框。在 Spectral Angle Mapper 中，将权重（Weight）设为 1，在 Binary Encoding 中，将 Weight 设为 1，其他设置保持默认，如图 13-18 所示。

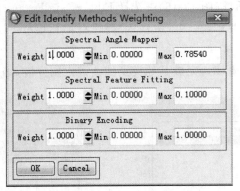

图 13-18　设置识别方法与权重

☆小提示

　　（1）识别方法有波谱角填图（spectral angle mapper，SAM）、波谱特征拟合（spectral feature fitting）和二进制编码（binary encoding）。

　　（2）Weight，指匹配方法所占比重，范围是 0～1。

　　（3）Min 和 Max 指最大值和最小值对比范围，取值是 0～1，在不同方法中意义不同。其中，在 SAM 中表示弧度小于最小值匹配结果为 1，大于最大值匹配结果为 0；在 SFF 中表示 RMS 拟合误差，小于最小值匹配结果为 1，大于最大值匹配结果为 0；在二进制编码中表示正确匹配波段的百分比，小于最小值匹配结果为 0，大于最大值匹配结果为 1。

(3)单击图 13-18 中的【OK】按钮，打开 Spectral Analyst 对话框，单击【Apply】按钮，弹出识别波谱选择的对话框，选中 n-D Class ♯1，如图 13-19 所示。

(4)单击图 13-19 中的【OK】按钮，会对第一个类别波谱与标准矿物波谱库进行匹配分析，结果显示在 Spectral Analyst 对话框中。波谱库中的各个地物与第一类别波谱的匹配结果分值从大到小排列，记下分值最高地物"高岭石 4(kaosmec4)"，如图 13-20 所示。

图 13-19　选择分析波谱

图 13-20　波谱曲线分析结果

(5)在 n_D Mean 对话框(图 13-16)中选择 Edit→Data Parameters，打开 Data Parameters 对话框。选中"n-D Class ♯1"，在 Name 输入"高岭石 4(kaosmec4)"，完成第一个类别的波谱识别，如图 13-21 所示。

(6)重复步骤(3)至步骤(5)，完成其他类别的波谱识别分析，结果如图 13-22 所示。

图 13-21　编辑识别出的端元波谱名称

图 13-22　波谱识别结果

(五)波谱填图

(1)在 ENVI 主菜单中选择 Spectral→Mapping Methods→Spectral Angle Mapper，在弹

出的 Classification Input File 对话框中选中"CUP99HY.EFF",如图 13-23 所示。

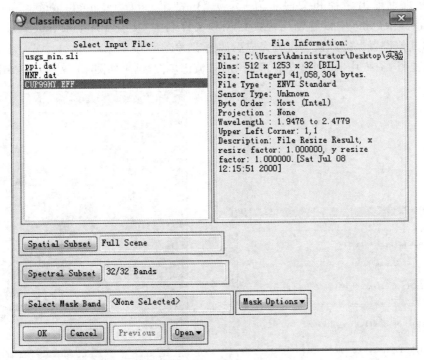

图 13-23 选择波谱填图输入图像

(2)单击图 13-23 中的【OK】按钮,打开 Endmember Collection 对话框(图 13-24),选择 Import→From Plot Windows…。弹出 Import From Plot Windows 对话框,单击【Select All Items】按钮,全部选中,如图 13-25 所示。

图 13-24 Endmember Collection 对话框

图 13-25 导入端元

(3)单击图 13-25 中的【OK】按钮,导入端元。在 Endmember Collection 对话框(图 13-24)中

单击【Apply】按钮,打开 Spectral Angle Mapper Parameters 对话框。在 Enter Output Filename 中设置输出路径和文件名为"实验 13\结果\spectral angle map.img",在 Enter Output Rule Filename 中设置输出规则路径和文件名为"实验 13\结果\spectral angle map rule.img",其他设置保持默认。设置完成后如图 13-26 所示。

(4)单击图 13-26 中的【OK】按钮,执行 SAM 波谱填图,结果如图 13-27 所示(彩图见封三)。

图 13-26　设置波谱角填图参数　　　　　　　　图 13-27　SAM 结果

☆小提示

(1)Set Maximum Angle(radians)设置最大角阈值是像元波谱与端元波谱的最大夹角,小于这个角度将被归为这一类。其中 None 表示不设阈值,Single Value 表示所有类别设置一个阈值,Multiple Values 表示每个类别分别设置一个阈值。

(2)Maximum Angle 为上述最大角阈值,默认为 0.1。

六、思考与练习

对实验图像进行地物识别并采用 Binary Encoding 方法进行波谱填图,比较其结果与采用 SAM 填图结果的异同。

实验十四　雷达图像处理 *

一、简介

合成孔径雷达(synthetic aperture radar,SAR)具有全天时、全天候成像,以及对一些地物有穿透能力的特点。与一般的遥感图像不同,SAR 在成像原理、图像结构等方面与光学图像不尽相同,所以处理方法也存在差异。

ENVI 软件提供较为基础的 SAR 图像处理模块,能够对 ERS-1/2、JERS-1、RADARSAT、SIR-C、X-SAR 和 AIRSAR 等雷达图像进行基本的处理,如显示、拉伸、分类、配准和滤波等。

由 ITT Visual Information Solutions 公司研制的 SARscape 模块是雷达数据处理的专业化工具,可以与 ENVI 无缝集成,支持多种雷达产品和原始数据,提供专业级的雷达图像处理功能,广泛应用于地表沉降监测、目标识别和洪水灾害评估等方面。本次实验介绍 SARscape 模块中的基本处理功能。

二、实验目的

(1)掌握 ENVI 软件雷达图像处理基本流程。

(2)学习使用 SARscape 模块对雷达图像进行基本的处理。

三、实验内容

利用 ENVI 软件对雷达图像进行图像合成、斜距到地距转换、自适应滤波和纹理信息提取等基本操作;以 Radarsat-2 极化雷达图像为例,学习使用 SARscape 模块的基本操作。

四、实验数据

路径	文件名称	格式	说明
实验 14\数据\	NDV_L	cdp	SIR-C 的 L 波段数据子集
实验 14\数据\	NDV_L_ROI	roi	关注区文件
实验 14\数据\	radarsat-2	文件夹	Radarsat-2 雷达数据

五、实验步骤

(一)基本雷达图像处理

1. 合成图像

(1)在 ENVI 主菜单中选择 Radar→Open/Prepare Radar File→Synthesize SIR-C Data,打开 Input Data Product Files 对话框。单击【Open File】按钮,选择雷达数据"实验 14\数据\NDV_L.CDP",路径和文件名会显示在 Select Files 选项下的 L 文本框中,如图 14-1 所示。

图 14-1　导入雷达数据

（2）单击图 14-1 中的【OK】按钮，打开 Synthesize Parameters 对话框。在 Enter Output Filename 中设置输出文件的路径和文件名为"实验14\结果\ synthesize. syn"，在 Select Band Combinations to Synthesize 中单击【Select All】按钮，即选择所有的默认极化组合合成，在 Output Data Type 下拉菜单中选择 Byte，其他设置保持默认。设置完成后如图 14-2 所示。

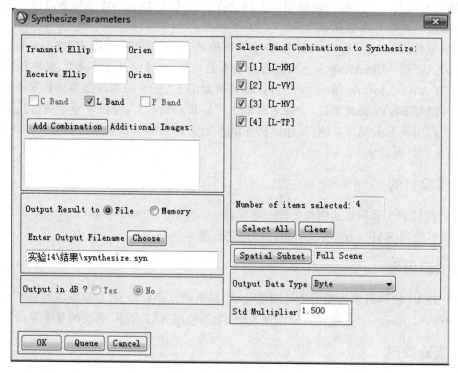

图 14-2　设置合成参数

> ☆小提示
> （1）可以通过设定发送和接收的椭圆率，以及对应的方位角来合成不同极化组合图像。
> （2）当需要进行定量分析时，输出数据格式必须选择浮点型格式。

（3）单击图 14-2 中的【OK】按钮，执行极化合成。

2. 斜距到地距的转换。

（1）在 ENVI 主菜单中选择 Radar→Open/Prepare Radar File→View Generic CEOS Header，选择"实验 14\数据\NDV_L.CDP"，打开文件的头文件（图 14-3）。可以看到方位分辨率（Line spacing）为 5.209 354 4 m，距离分辨率（Pixel spacing）为 13.324 963 6 m，则可确定重

采样到 13.32 m×13.32 m 的矩形。

图 14-3　查看雷达图像头文件信息

(2)在 ENVI 主菜单中选择 Radar→Slant to Ground Range→SIR-C,打开 Enter SIRC Parameters Filename 对话框,选择"实验 14\数据\NDV_L.CDP",如图 14-4 所示。

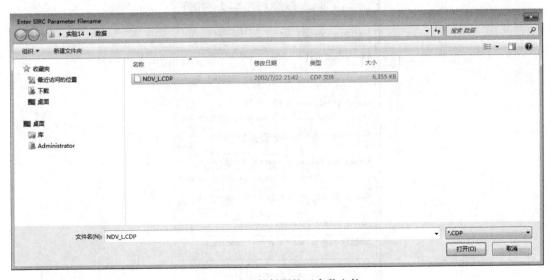

图 14-4　选择斜距校正参数文件

(3)单击图 14-4 中的【OK】按钮，打开 Slant Range Correction Input File 对话框，选中"synthesize.syn"，如图 14-5 所示。

图 14-5　选择校正输入图像

(4)单击图 14-5 中的【OK】按钮，打开 Slant to Ground Range Parameters 对话框。在 Output pixel size(m)文本框中输入 13.32，在 Enter Output Filename 中设置输出文件的路径和文件名为"实验14\结果\slant to ground range.syn"，其他设置保持默认。设置完成后如图 14-6 所示。

图 14-6　设置斜距校正参数

（5）单击图 14-6 中的【OK】按钮，执行斜距到地距的转换。

3. 自适应滤波

（1）在 ENVI 主菜单中选择 Radar→Adaptive Filters→Enhanced Lee，打开 Enhanced Lee Filter Input File 对话框。在该对话框中，选中"slant to ground range.syn"，如图 14-7 所示。

图 14-7　选择滤波输入图像

（2）单击图 14-7 中的【OK】按钮，打开 Enhanced Lee Filter Parameters 对话框。（Filter Size）设为 5，Damping Factor 设为 1，在 Enter Output Filename 中设置输出文件的路径和文件名为"实验 14\结果\enhanced lee filter.syn"，其他设置保持默认。设置完成后如图 14-8 所示。

图 14-8　设置滤波参数

(3)单击图 14-8 中的【OK】按钮,执行滤波。

4.纹理信息提取

(1)在 ENVI 主菜单中选择 Radar→Texture Filters→Occurrences,打开 Texture Input File 对话框。选中"enhanced lee filter.syn",如图 14-9 所示。

图 14-9   选择纹理信息提取输入图像

(2)单击图 14-9 中的【OK】按钮,打开 Occurrence Texture Parameters 对话框。将处理窗口(Processing Window)设为 5,在 Enter Output Filename 中设置输出文件的路径和文件名为 "实验 14\结果\texture.syn",其他设置保持默认。设置结果如图 14-10 所示。

图 14-10   设置纹理信息提取参数

(3)单击图 14-10 中的【OK】按钮,执行纹理信息提取。

(二)SARscape 模块

1. 数据导入

(1)在 ENVI 主菜单中选择 SARscape→Import Data→Standard Formats→Radarsat-2,弹出 Import Radarsat-2 对话框。在 Data Type 下拉菜单选择 SLC-Single Look Complex,轨道参数列表(Orbit list)不设置,如图 14-11 所示。

图 14-11　Import Radarsar-2 对话框

(2)在 Import Radarsat-2 对话框中单击【Parameter list】按钮,打开 Select input files 对话框,选择"D:\radarsat-2\product.xml",如图 14-12 所示。

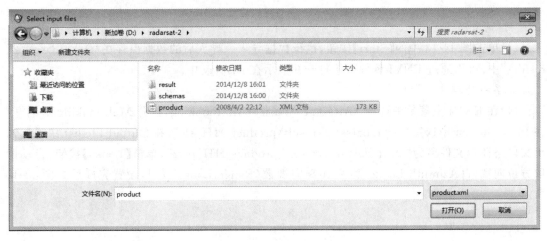

图 14-12　选择导入图像

☆小提示

　　SARscape 不能识别带有中文汉字的路径，实验前把"实验14\数据\"中的 radarsat-2 文件夹移动到 D 盘后再进行操作。实验结果保存至"D:\radarsat-2\result"中。

　　(3)单击图 14-12 中的【打开】按钮，返回到 Import Radarsat-2 对话框，完成输入图像选择。单击【Output file list】按钮，设置输出文件路径和文件名为"D:\radarsat-2\result\product"，如图 14-13 所示。

图 14-13　文件导入设置结果

　　(4)单击图 14-13 中的【Start】按钮，执行数据导入。导入后的数据保存在"D:\radarsat-2\result\"中，可以通过 ENVI 软件直接打开并显示在 Display 中。

　　2.多视处理

　　(1)在 ENVI 主菜单中选择 SARscape→Basic→Multilooking，打开 Multilooking 对话框。在 Input file list 中选择"D:\radarsat-2\result\product_HH_slc"，在 Output file list 中设置输出文件路径和文件名为"D:\radarsat-2\result\product_HH_pwr"，单击【Looks】按钮，自动读取方位向视数(Azimuth Looks)为 2，距离向视数(Range Looks)为 1，设置完成后如图 14-14 所示。

图 14-14　Multilooking 对话框

☆小提示

距离向视数与方位向视数取决于距离向分辨率、方位向分辨率和中心入射角。用记事本打开.sml文件,通过以下三个字段获得距离向分辨率为 4.733,方位向分辨率为 4.83,中心入射角为 28.95。

〈PixelSpacingRg〉4.733 078 960 000 000 3〈/PixelSpacingRg〉

〈PixelSpacingAz〉4.830 082 889 999 999 9〈/PixelSpacingAz〉

〈IncidenceAngle〉28.947 675 699 999 998〈/IncidenceAngle〉

距离向视数为 1,地距分辨率＝4.733/sin(28.95)＝9.78

多视后方位向分辨率＝地距分辨率＝9.78

方位向视数为多视后的方位向分辨率/多视前方位向分辨率＝9.78/4.832＝2

(2)单击图 14-14 中的【Start】按钮,执行多视处理。处理后的数据保存在"D:\radarsat-2\result\"中,可以通过 ENVI 软件直接打开并显示在 Display 中。

3. 滤波

(1)在 ENVI 主菜单中选择 SARscape→Basic→Filtering→Single Image,打开 Filtering Single Image 对话框。在 Input file list 中选择输入文件路径和文件名为"D:\radarsat-2\result\product_HH_pwr",在 Output file list 中设置输出文件路径和文件名为"D:\radarsat-2\result\product_HH_pwr_fil",如图 14-15 所示。

图 14-15　设置滤波参数

（2）单击图 14-15 中的 Refined Lee 单选按钮，选择精致 Lee 滤波（Refined Lee）方式对多视后雷达图像进行滤波，弹出 Frost/Lee/Refined Lee 对话框。方位向窗口大小（Azimuth Window Size）和距离向窗口大小（Range Window Size）都设为 5，单击【Commit】按钮，如图 14-16 所示。

图 14-16　设置滤波窗口

（3）在 Filtering Single Image 对话框（图 14-15）中，单击【Start】按钮，执行滤波处理。

4. 地理编码和辐射定标

（1）在 ENVI 主菜单中选择 SARscape→Basic→Geocoding→Geocoding and Radiometric Calibration，打开 Geocoding and Radiometric Calibration 对话框（图 14-17），设置如下参数：

——在 Input file list 中选择输入文件"D:\radarsat-2\result\product_HH_pwr_fil"；

——在 Output file list 中设置输出文件为"D:\radarsat-2\result\product_HH_pwr_fil_geo"；

——DEM file 不进行设置；

——GRID SIZE 中，将 X Dimension 和 Y Dimension 都设为 10；

——RESAMPLING 方法选择 Nearest Neighbor；

——勾选辐射定标（Radiometric Calibration）和辐射归一化（Radiometric Normalization）复选框。

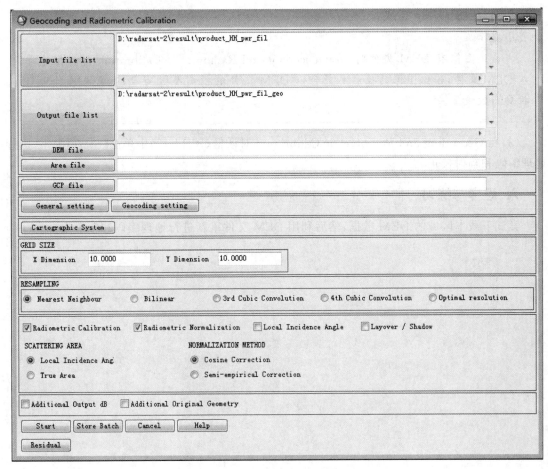

图 14-17 设置地理编码和辐射定标参数

（2）在 Geocoding and Radiomtric Calibration 对话框（图 14-17）中，单击【Cartographic System】按钮，弹出 Cartographic System 对话框，设置投影参数。地区（State）选择 UTM-GLOBAL，半球 Hemisphere 选择 NORTH，投影（Projection）选择 UTM，分区（Zone）选择 31，椭球体（Ellipsoid）选择 WGS-84。设置完成后如图 14-18 所示。单击【Commit】按钮，完成投影参数设置。

图 14-18 设置投影参数

☆小提示

雷达图像有 DEM 文件时，在 Geocoding and Radiometric Calibration 对话框中导入 DEM 文件，输出图像的投影参数会以 DEM 文件的投影参数为准，不需要另外进行投影参数设置。

（3）在 Geocoding and Radiometric Calibration 对话框（图 14-17）中单击【Start】按钮，执行地理编码和辐射校正。

六、思考与练习

尝试下载本区域的 DEM 数据，然后利用 DEM 文件重新进行地理编码和辐射定标。

实验十五　IDL 语言与图像处理 *

一、简介

IDL 是一种用于数据分析和可视化表达的编程语言。IDL 是基于矩阵运算的计算机语言,语法简单,具有高速图像处理与显示能力,并提供了大量数学运算工具。目前 IDL 已广泛应用于信息处理、气象、软件开发、航天航空、资源环境、数学统计与分析等领域。ENVI 就是利用 IDL 开发的遥感图像处理系统,因此 ENVI 中的多种功能和函数都可以方便地被 IDL 调用,从而极大地提高了 ENVI 的开放性、便利性和灵活性。

IDL 语言具有以下优势:

(1)支持多种标准格式数据的输入和输出,并支持自定义格式数据输入和输出。

(2)完全面向数组运算,为快速数值分析和图像处理提供了方便,极大提高了数据可视化的速度。

(3)拥有大量命令、函数和程序模块,便于数据分析和可视化。

(4)语法简单,方便初学者学习。

(5)提供了与其他语言的标准接口和 ActiveX 接口,可以方便地实现 Visual C、Visual Basic 和 C♯等语言的调用。

二、实验目的

(1)了解 ENVI 的二次开发工具 IDL。

(2)了解 IDL 语言的基本语法和处理图像方式。

(3)熟悉使用 IDL 对图像进行 HLS 正变换的方法。

三、实验内容

应用 IDL 对 RGB 彩色图像进行 HLS 正变换,结果存储为.tif 格式图像。

四、实验数据

路径	文件名称	格式	说明
实验 15\数据\	test15	img	RGB 彩色图像
实验 15\数据\	test15	hdr	ENVI 对应头文件

五、实验步骤

(1)启动 IDL 工作台。在计算机桌面中选择开始→所有程序→ENVI5.1→32-bit→ENVI Classic+IDL(32-bit),打开 IDL 工作台,工作台包括菜单栏、工具栏、资源管理器、代码区域、控制台以及状态栏等几部分,界面如图 15-1 所示。

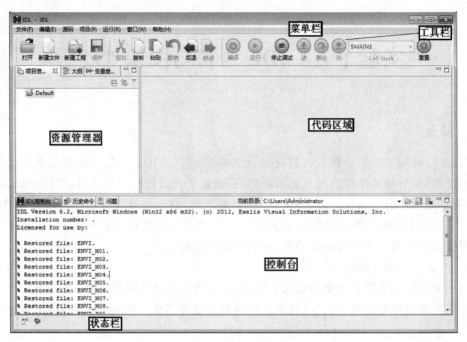

图 15-1　IDL 工作台

（2）在 IDL 工作台的菜单栏中选择文件→新建文件，或者单击工具栏中按钮，代码区域会新建一个文件，用于代码编写。本次实验代码用到的函数及主要参数如表 15-1 所示。

表 15-1　实验所用函数及主要参数

函数名称	主要参数	参数备注
ENVI_OPEN_FILE	Fname	文件名称及路径
	/NO_INTERACTIVE_QUERY	当不存在有效的头文件时，不打开 ENVI 头文件信息对话框
	/NO_REALIZE	不打开波段列表
	R_FID	文件的 ID，为 ENVI 打开或选择文件时的命名变量
ENVI_FILE_QUERY	dims	文件的名称及路径
	fid	文件的 ID，为 ENVI 打开或选择文件时的命名变量
ENVI_GET_DATA	FID＝file ID	读入文件的 ID
	DIMS＝array	读取图像的尺寸
	POS＝long integer	设置需要读取的波段
COLOR_CONVERT	I0	原始图像
	O0	变换后结果图像
	/RGB_HLS	RGB 转换为 HLS
	INTERLEAVE＝value	设置图像的交叉形式

（3）在代码区域编写 RGB 到 HLS 彩色变换过程代码（图 15-2）。具体代码如图 15-3 所示。其中，";"为注释符，注释符之后的内容是对代码的注释，不参与程序运行。

图 15-2　编写 RGB 到 HLS 彩色变换代码

```
;创建hls正变换过程
prorgbtohls,file
;严格编译规则以及初始化
COMPILE_OPT IDL2
ENVI,/Restore_Base_Save_Files
ENVI_Batch_init
;使用envi读取图像
  ENVI_OPEN_FILE,file,r_fid=fid
  ;文件无效时，fid=-1
  if (fid eq -1) thenreturn
  ;查询文件信息
  ENVI_FILE_QUERY,fid,ns=ns,nl=nl,nb=nb,dims=dims
  ;定义rgb彩色图像数组
  imagedata= bytarr(3,ns,nl)
  fori= 0,2dobegin
   imagedata[i,*,*]= ENVI_GET_DATA(fid= fid,dims= dims,pos=i)
  endfor
  ;rgb到hls彩色变换
COLOR_CONVERT, imagedata, HLSimage,/RGB_HLS
  ;输出图像
write_image,'实验15\结果\HLSTORGB8.tif','tiff',HLSimage
  file_type= ENVI_FILE_TYPE('ENVI Standard')
  ;结束过程
end
```

图 15-3　具体代码

☆小提示

(1)在 IDL 中,功能模块只能是过程(procedure)或函数(function),编写时,过程必须以"pro"开始,以"end"结束,"pro"后面为过程名称,逗号后为关键字。

(2)通过 ENVI_OPEN_FILE 语句打开文件,弹出文件选择对话框同时返回 FID,相当于 ENVI 主菜单的 File→Open Image File 功能。

(3)利用 ENVI_FILE_QUERY 函数可以获取文件的基本信息,便于进行读取。其中 nb 为波段数,nl 为行数,ns 为列数,dims 为数据的空间子集。

(4)将 RGB 彩色图像的三个波段以三维数组形式读取到 imagedata 中。

(5)通过 write_image 函数写出输出.tif 图像文件。

(4)在 IDL 工作台的菜单栏中选择文件→保存,打开保存文件对话框。选择"实验 15\结果\",在文件名中输入"rgbtohls.pro",点击【保存】按钮,完成 IDL 程序代码保存,如图 15-4 所示。

图 15-4　保存文件

(5)在 IDL 工作台的工具栏中单击 按钮,弹出 Enter Data Filename 对话框,选择"实验 15\数据\test15.img",如图 15-5 所示。

图 15-5　选择彩色变换输入图像

（6）单击图 15-5 中【打开】按钮，打开"test15.img"图像并继续执行程序，完成 RGB 到 HLS 彩色变换，彩色变换结果将被保存于"实验 15\结果\RGBTOHLS.tif"文件中。

（7）程序运行结束后，在 ENVI 中选择"实验 15\结果\RGBTOHLS.tif"，打开变换后的 HLS 彩色图像，如图 15-6 所示。

图 15-6　HLS 彩色变换结果显示

六、思考与练习

尝试利用 IDL 对图像"实验 15\结果\RGBTOHLS.tif"中所有的像元值增大 1。

实验十六 动态变化检测 *

一、简介

遥感动态变化检测是利用多时相遥感数据，提取变化信息并定量分析和确定地表变化特征与过程的方法。动态检测过程一般可分为数据预处理、变化信息检测和变化信息提取三个过程。

数据预处理主要包括几何配准和辐射归一化处理，目的是消除空间、时间、光谱辐射、大气、土壤湿度等因素的影响，排除非目标变化信息的干扰，使处理后的数据空间位置和光谱辐射尽可能可靠。变化监测的方法很多，可以分为四类：基于代数运算的变化检测、基于图像转换的变化检测、基于分类的变化检测和基于特征模型的变化检测，实际应用中可根据需要选取。对于变化信息提取，可以根据阈值提取出变化信息，还可以利用图像切割、面向对象的特征提取等方法来实现。

变化信息检测方法有很多，ENVI 软件主要提供三种方法：直接比较法、分类后比较法和直接分类法。Change Detection 模块集成了 ENVI 动态变化检测功能，是一个流程化的图像处理工具，包括了图像配准和变化信息检测与提取等功能。它提供了一种对同一地区不同时间变化特征检测的方法，流程化操作便于用户使用。该模块主要包括四种变化检测方法：

（1）Two-Color Multiview（2CMV），是一种波段替换法，属于图像直接比较法。原理是从第一时相的图像中提取一个波段作为红色波段，从第二时相的图像中提取两个波段作为绿色和蓝色波段组成 RGB 显示，变化区域为青色和红色。

（2）Image Transform，图像变换指通过 PCA、MNF 或独立主成分分析（independent component analysis，ICA）变换得到图像变化特征。

（3）Subtractive，图像差值法是一种直接比较法。思想是计算归一化差值植被指数（normalized vegetation index，NDVI）、红蓝波段比值和自定义波段比值之差。发生变化的区域比值之差的灰度值会与背景值相差较大，从而提取出变化信息。

（4）Spectral Angle，波谱角检测法是利用两个时相数据的波谱角之差来表示变化，通过波谱角之间的相似程度来体现变化大小，适用于高光谱数据。

二、实验目的

（1）了解动态变化检测的基本原理和方法。
（2）掌握运用 ENVI 软件中 Change Detection 模块进行动态变化检测的操作。

三、实验内容

利用 ENVI 的 SPEAR Change Detection 动态变化检测功能，对两幅 QuickBird 不同时相的遥感图像进行变化检测，获取变化检测结果，比较其与变化前图像的异同。

四、实验数据

路径	文件名称	格式	说明
实验 16\数据\	change detect1	img	2002 年 9 月 QuickBird 图像
实验 16\数据\	change detect1	hdr	ENVI 对应头文件
实验 16\数据\	change detect2	img	2004 年 7 月 QuickBird 图像
实验 16\数据\	change detect2	hdr	ENVI 对应头文件

五、实验步骤

（1）在 ENVI 中选择"实验 16\数据\change detect1.img"与"实验 16\数据\change detect2.img"，打开两幅已经进行过配准且有较大重叠区的 QuickBird 图像，如图 16-1 所示。

(a) change detect1　　　　　　　　　(b) change detect2

图 16-1　不同时相 QuickBird 图像

（2）在 ENVI 主菜单中选择 Spectral→SPEAR Tools→Change Detection，进入变化检测模块，如图 16-2 所示。

（3）单击图 16-2 中的【Select Time ♯1 File】按钮，在弹出的 Select Time ♯1 Input File 对话框中选中"change detect1.img"，如图 16-3 所示。

(4)单击图16-3中的【OK】按钮,打开 Auto Tie Point Matching Band 对话框,选中"Layer_3",如图16-4所示。然后单击【OK】按钮,完成第一时相数据的导入。

图 16-2　动态检测模块

图 16-3　选择第一时相输入文件

图 16-4　选择 Tie 点匹配波段

（5）点击【Select Time＃2 File】按钮，导入第二时相数据"change detect2.img"，具体步骤参考步骤（3）和步骤（4），并设置输出图像路径和根名称为"实验16\结果\change"，设置结果如图 16-5 所示。

图 16-5　选择两时相数据和输出文件路径

☆小提示

　　输出图像的根名称不是实际输出的名称，可以增加任意后缀。如本实验采用差值法进行变化检测，默认增加后缀"_diff"，输出变化检测图像的名称为"change_diff"。输出图像路径默认与第二时相图像路径相同。

（6）单击图 16-5 中的【Next】按钮，打开配准参数对话框，如图 16-6 所示。由于两幅图像已经经过配准，不需要对图像进行再次配准，故勾选 Images already co-registerd。

(7)单击图 16-6 中的【Next】按钮,打开配准精度查看对话框,同时自动弹出两个已经链接的显示窗口,显示两幅配准后的图像。可以通过 Flicker 等方式显示查看两幅图像配准情况,如图 16-7 与图 16-8 所示。

图 16-6 两时相数据匹配

图 16-7 查看配准精度

(a) 第一时相　　　　　　　　　　　　　　　(b) 第二时相

图 16-8　配准后的两时相数据显示

☆小提示

　　单击图 16-6 中的【Next】按钮后，会自动产生两个精度配准图像"change_time1_coreg"和"change_time1_coreg"。因为本实验配准参数选择了 Images already co－registered，所以配准后图像与原始图像相同。由于配准后图像为中间过程数据，且与原始图像相同，故最后在"实验 16\结果\"文件夹中将其删除。

　　图 16-7 中，Auto-Flicker 菜单下：

　　(1)Flicker 闪烁显示，单击 ▶ 运行按钮后，在第一时相主图像窗口会闪烁交替显示第一时相和第二时相数据。

　　(2)Swipe 卷帘显示，单击 ▶ 运行按钮后，在第一时相主图像窗口中会以卷帘形式显示第一时相和第二时相数据，即一条两侧为不同时相数据过渡线自动左右移动显示图像。

　　(3)Blend 混合显示，单击 ▶ 运行按钮后，在第一时相主图像窗口中会以不同百分比混合方式显示第一时相和第二时相数据，即通过所占百分比自动变化显示图像。

　　(8)单击图 16-7 中的【Next】按钮，打开变化检测方法选择对话框，如图 16-9 所示。第一栏为变化检测方法设置（Change Detections Methods）；第二栏为高级参数设置（Advanced Parameters）。本实验采用图像差值法，选中 Subtractive 复选框；单击【Show Advanced

Options】按钮,在高级参数设置中,勾选 Subtractive 标签下的基于黑暗像元相对大气校正(Perform dark object subtraction)和辐射归一化相对大气校正(Perform radiometric normalization)。

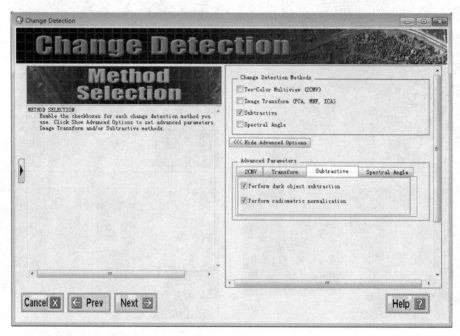

图 16-9　确定变化检测方法

☆小提示

　　对于多光谱图像,四种检测方法都可以使用;全色图像只能运用 2CMV 方法进行检测。

　　(9)单击图 16-9 中的【Next】按钮,打开检测结果查看对话框,如图 16-10 所示。在 Color Tables 中选中 GRN-RED-BLU-WHT,单击【Apply Color Table】按钮,可以看到变化图像的颜色变化,如图 16-11 所示(彩图见封三)。

　　(10)在检测结果查看对话框(图 16-10)中,点击【Save to File】按钮,打开 Output Display to Image File 对话框。在 Output File Type 下拉菜单中选择 ENVI,在 Enter Output Filename 中设置输出文件的路径和文件名为"实验 16\结果\change_diff_2.img",其他设置保持默认。设置完成后如图 16-12 所示。单击【OK】按钮,保存显示图像。

　　(11)在检测结果查看对话框(图 16-10)中,单击【Next】按钮,打开处理完成对话框。单击【Finish】按钮,完成变化检测过程。

图 16-10 查看变化信息检测结果

图 16-11 变化信息检测结果图像

图 16-12 保存检测结果

六、思考与练习

尝试采用不同的变化检测方法对两幅实验图像进行检测,并比较结果有何差别。

实验十七 植被覆盖度反演

一、实验背景

植被是生态环境的重要组成部分,也是反映区域生态环境的最好标志之一。植被覆盖度是植被垂直投影面积与土壤总面积之比,是衡量地表植被状况的重要标志。随着遥感技术的飞速发展,植被覆盖度反演已广泛应用于生态环境评价、水土保持、城市绿化调查、植被变化检测等方面。

植被覆盖度的测量分为地面实际测量和遥感估算两种方法。地面实际测量客观准确,在低植被覆盖区域、小尺度测量等方面广泛应用。遥感估算在大尺度、大范围的测量方面占有很大优势。

二、实验目的和内容

(一)实验目的
利用 Landsat-5 多光谱图像进行植被覆盖度反演。

(二)实验内容
(1)TM 多光谱图像辐射校正。
(2)图像裁剪。
(3)多光谱图像监督分类。
(4)植被覆盖度反演。

三、实验数据

路径	文件名称	格式	说明
实验 17\数据\	L5123032_03220090922_MTL	txt	Landsat-5 图像元数据
实验 17\数据\	L5123032_03220090922_B10	tif	Landsat-5 图像第一波段数据
实验 17\数据\	L5123032_03220090922_B10	tif.enp	Landsat-5 图像元数据
实验 17\数据\	L5123032_03220090922_B20	tif	Landsat-5 图像第二波段数据
实验 17\数据\	L5123032_03220090922_B20	tif.enp	Landsat-5 图像元数据
实验 17\数据\	L5123032_03220090922_B30	tif	Landsat-5 图像第三波段数据
实验 17\数据\	L5123032_03220090922_B30	tif.enp	Landsat-5 图像元数据
实验 17\数据\	L5123032_03220090922_B40	tif	Landsat-5 图像第四波段数据
实验 17\数据\	L5123032_03220090922_B40	tif.enp	Landsat-5 图像元数据
实验 17\数据\	L5123032_03220090922_B50	tif	Landsat-5 图像第五波段数据
实验 17\数据\	L5123032_03220090922_B50	tif.enp	Landsat-5 图像元数据
实验 17\数据\	L5123032_03220090922_B60	tif	Landsat-5 图像第六波段数据
实验 17\数据\	L5123032_03220090922_B60	tif.enp	Landsat-5 图像元数据
实验 17\数据\	L5123032_03220090922_B70	tif	Landsat-5 图像第七波段数据
实验 17\数据\	L5123032_03220090922_B70	tif.enp	Landsat-5 图像元数据

四、实验原理与方法

目前,植被覆盖度反演的方法多种多样,例如经验模型法和植被指数法等。植被指数法是一种通过建立植被指数与植被覆盖度之间的关系来估算植被覆盖度的方法,常用的是基于NDVI 的像元二分模型法。NDVI 是植被覆盖度的最佳指示因子,其表达式为

$$NDVI = \frac{\rho_{NIR} - \rho_R}{\rho_{NIR} + \rho_R} \tag{17-1}$$

式中,ρ_{NIR} 是图像的近红外波段地表反射率,ρ_N 是红波段地表反射率。

植被覆盖度与 NDVI 之间存在明显的线性相关关系,建立二者之间的数学关系可以得到植被覆盖度。像元二分模型是假设地表的每个像元由植被覆盖部分和无植被覆盖土壤构成,所以像元的 NDVI 值由植被和土壤两部分组成,表达式为

$$NDVI = f \cdot NDVI_v + (1-f)NDVI_s \tag{17-2}$$

式中,f 为植被覆盖度,$NDVI_v$ 为植被覆盖部分的 NDVI 值,$NDVI_s$ 为无植被覆盖土壤的NDVI值。根据式(17-1)整理得到植被覆盖度为

$$f = \frac{NDVI - NDVI_s}{NDVI_v - NDVI_s} \tag{17-3}$$

$NDVI_v$ 和 $NDVI_s$ 的取值是像元二分模型反演植被覆盖度的关键。目前不同研究对$NDVI_v$ 和 $NDVI_s$ 的取值方法有很大的区别。$NDVI_v$ 和 $NDVI_s$ 可用公式分别表达为

$$NDVI_v = \frac{(1-f_{min}) \cdot NDVI_{max} - (1-f_{max}) \cdot NDVI_{min}}{f_{max} - f_{min}} \tag{17-4}$$

$$NDVI_s = \frac{f_{min} \cdot NDVI_{min} - f_{min} \cdot NDVI_{max}}{f_{max} - f_{min}} \tag{17-5}$$

式中,$NDVI_{max}$ 为 NDVI 最大值,$NDVI_{min}$ 为 NDVI 最小值。根据图像的 NDVI 灰度分布,取5％置信度截取 NDVI 的上下限阈值分别代表 $NDVI_{max}$ 和 $NDVI_{min}$ 是一种常用的方法。f_{min}和 f_{max} 分别是植被覆盖度的最小值和最大值,本实验中取 $f_{min}=0$,$f_{min}=100\%$,所以式(17-3)和式(17-4)变为

$$NDVI_v = NDVI_{max} \tag{17-6}$$

$$NDVI_s = NDVI_{min} \tag{17-7}$$

把式(17-5)和式(17-6)代入式(17-2)得到最终的植被覆盖度计算公式

$$f = \frac{NDVI - NDVI_{min}}{NDVI_{max} - NDVI_{min}} \tag{17-8}$$

五、实验步骤

(一)数据准备

(1)数据导入。在 ENVI 主菜单选择 File→Open External File→Landsat→Geo TIFF with Metadata,选择"实验 17\数据\L5123032_03220090922_MTL.txt"导入 Landsat-5 元数据。具体步骤可参照实验二。结果如图 17-1 所示。

(2)辐射定标。在 ENVI 主菜单中选择 Basic Tools → Preprocessing → Calibration Utilities→Landsat Calibration,进行辐射定标。输入文件选择"实验 17\数据\L5123032_

03220090922_MTL.txt",设置输出文件为"实验17\结果\calibration.img",Calibration Type
设置为 Radiance,如图 17-2 所示。具体定标方法参照实验四中实验步骤(一)。

图 17-1　导入 Landsat-5 元数据

图 17-2　设置辐射定标参数

图 17-3　转换数据存储格式

（3）存储格式转换。在 ENVI 主菜单中选择
Basic Tools→Convert Data,进行存储格式转换。输
入文件为"calibration.img",设置输出文件为"实验
17\结果\ convert interleave.img",转换后格式为
BIL,如图 17-3 所示。具体转换方法可参照实验四中
实验步骤(二)。

（4）大气校正。在 ENVI 主菜单中选择 Basic
Tools → Preprocessing → Calibration Utilities →
FLAASH,进入大气校正模块。输入文件为"convert
interleave.img";设置输出文件为"实验 17\结果\
correction.img",如图 17-4 所示。具体大气校正方法可参照实验四中实验步骤(二)。

（5）图像裁剪。大气校正结果图像的主图像窗口 Overlay→Region of Interest,打开 ROI
Tool 对话框,选取大小合适的范围作为感兴趣区域用于裁剪。具体方法可参照实验九中实验
步骤(二)。如图 17-5 所示。

（6）在 ENVI 主菜单中选择 Basic Tools→Subset data via ROIs。输入文件选择"correc-
tion.img",设置输出文件为"实验 17\结果\subset.img",单击【OK】按钮,完成图像裁剪,如
图 17-6 所示。

图 17-4　设置大气校正参数

图 17-5　选取数据裁剪区域 ROI

图 17-6　设置裁剪参数

（7）监督分类。显示裁剪后的图像"subset.img"，并在主图像窗口界面选取五个类别的感兴趣区域作为训练样本。在 ENVI 主菜单栏中选择 Classification→Supervised→Likelihood Classification，进入最大似然分类模块。输入文件为"subset.img"，Set Probability Threshold 选择 None（不设置阈值），设置输出文件路径和文件名"实验17\结果\class.img"，如图 17-7 所示。具体分类方法可参照实验十一。分类结果如图 17-8 所示。

图 17-7　设置最大似然分类参数

图 17-8　分类结果显示

(二)计算 NDVI

(1)在 ENVI 主菜单中选择 Transform→NDVI,打开 NDVI Calculation Input File 对话框。选中"subset.img"文件,如图 17-9 所示。

图 17-9　选取 NDVI 计算输入图像

(2)单击图 17-9 中的【OK】按钮,打开 NDVI Calculation Parameters 对话框。在 Enter Output Filename 中设置输出文件的路径和文件名"实验17\结果\NDVI.img",其他设置保持默认。设置完成后如图 17-10 所示。

(3)单击图 17-10 中的【OK】按钮,执行 NDVI 计算。

(4)去除 NDVI 异常值。在 ENVI 主菜单中选择 Basic Tools→Band Math,打开 Band Math 对话框。在 Enter an expression 中输入公式"(b1 lt -1) * 0+(b1 ge 1) * 0+(b1 gt -1 and b1 le 1) * b1",点击【Add to List】按钮,如图 17-11 所示。

图 17-10　设置 NDVI 计算参数

图 17-11　去除 NDVI 异常值表达式输入

☆小提示

（1）NDVI 的取值范围是 $[-1,1]$，大气校正后有一部分像元值可能超出范围而表现异常，因此把异常值转换为背景值 0。

（2）表达式"(b1 lt -1) * 0 + (b1 gt 1) * 0 + (b1 gt -1 and b1 le 1) * b1"意义是：当变量 b1 小于 -1 时返回值为 0；当变量 b1 大于 1 时返回值是 0；变量 b1 大于等于 -1 并且小于等于 1 时返回值是 b1。

（5）单击图 17-11 中的【OK】按钮，打开 Variables to Bands Parings 对话框。在 Available Bands List 中单击选中 NDVI，即 b1 与 NDVI 匹配；在 Enter Output Filename 中设置输出文件的路径和文件名为"实验 17\结果\NDVI-去异常值.img"，如图 17-12 所示。

（6）单击图 17-12 中的【OK】按钮，完成 NDVI 的异常值去除。

（三）植被覆盖度反演

（1）在 Display ＃1 显示"NDVI-去异常值.img"灰度图像。

（2）在 ENVI 主菜单中选择 Basic Tools→Masking→Build Mask，打开掩模（Mask）制作输入文件选择对话框。在 Select Input Display 中选中 Display ＃1（NDVI-去异常值图像），如图 17-13 所示。

图 17-12　选择输出文件路径　　　　　　图 17-13　选择输入掩模输入图像

（3）单击图 17-13 中的【OK】按钮，打开 Mask Definition 对话框。选择 Options→Import Data Range，打开 Select Input For Mask Data Range 对话框，选中"class.img"（分类后图像），如图 17-14 所示。

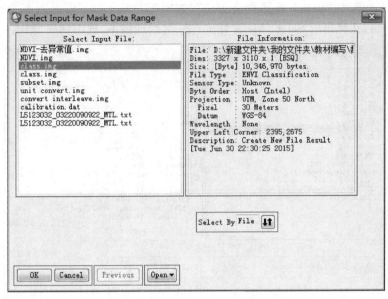

图 17-14　导入掩模取值文件

（4）单击图 17-14 中的【OK】按钮，打开 Input for Data Range Mask 对话框。Data Min Value 设为 1，Data Max Value 也设为 1（选择分类图中最大值为 1、最小值也为 1 的像元，即林地），如图 17-15 所示。

（5）单击图 17-15 中的【OK】按钮，返回到 Mask Definition 对话框。在 Enter Output Filename 中设置输出文件的路径和文件名"实验 17\结果\林地.img"，如图 17-16 所示。

图 17-15　设置掩模取值范围

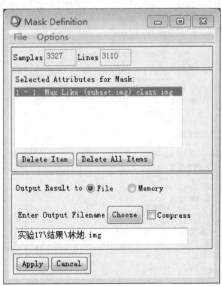

图 17-16　选择输出图像路径

（6）单击图 17-16 中的【Apply】按钮，执行林地掩模制作。

（7）重复步骤（3）至步骤（6），完成其他类别掩模制作。

（8）在 ENVI 主菜单中选择 Basic Tools→Statistics→Compute Statistics，打开 Compute Statistics Input File 对话。选中"NDVI-去异常值.img"，如图 17-17 所示。单击图 17-17 中的【Select Mask Band】按钮，在弹出的 Select Mask Input Band 对话框中，选中林地，如图 17-18 所示。

图 17-17　选择统计输入图像

（9）单击图 17-18 中的【OK】按钮，打开 Compute Statistics Parameters 对话框，勾选 Basic Stats 和 Histograms 复选框，其他设置保持默认，如图 17-19 所示。

图 17-18　选取林地掩模文件

图 17-19　设置统计参数

(10)单击图 17-19 中的【OK】按钮,执行林地 NDVI 值统计,结果如图 17-20 所示。选取最后一列累计百分比(Acc Pct)为 2% 所对应的像元值(即第一列 NDVI 值)作为 $NDVI_{min}$:0.492 5;选取累计百分比为 97% 所对应的像元值作为 $NDVI_{max}$:0.802 0。

图 17-20　林地 NDVI 值统计结果

(11)重复步骤(8)至步骤(10),得到其他类别的 $NDVI_{min}$ 与 $NDVI_{max}$,结果如表 17-1 所示。

表 17-1　地物覆盖类型的 NDVI 阈值

土地覆盖类别	$NDVI_{min}$	$NDVI_{max}$
林地	0.492 5	0.812 0
植被	0.440 7	0.730 7
建筑	0.107 8	0.710 8
水体	0	0
其他	0.083 0	0.698 0

　　(12)在 ENVI 主菜单中选择 Basic Tools→Band Math,打开 Band Math 对话框。输入公式"b1 * 0.492 5＋b2 * 0.440 7＋b3 * 0.107 8＋b4 * 0＋b5 * 0.083 0,计算总体 $NDVI_{min}$,如图 17-21 所示。

　　(13)单击图 17-21 中的【OK】按钮,打开 Variables to Bands Pairings 对话框。分别单击 B1 与林地掩模文件对应,B2 与植被掩模文件对应,B3 与建筑掩模文件对应,B4 与水体掩模文件对应,B5 与其他掩模文件对应;在 Enter Output Filename 中设置输出文件的路径和文件名"实验 17\结果\NDVI-Min.img"。如图 17-22 所示,单击【OK】按钮完成。

图 17-21　　$NDVI_{min}$计算表达式　　　　图 17-22　　选择 $NDVI_{min}$输出路径

　　(14)重复步骤(12)至步骤(13),输入公式"b1 * 0.812 0＋b2 * 0.730 7＋b3 * 0.710 8＋b4 * 0＋b5 * 0.698 0",计算 $NDVI_{max}$。

　　(15)在 ENVI 主菜单中选择 Basic Tools→Band Math,打开 Band Math 对话框。根据式(17-7),输入公式"(b1 ne 0.0) * (b1-b2)/(b3-b2)",如图 17-23 所示。

　　(16)单击图 17-23 中的【OK】按钮,打开 Variables to Bands Pairings 对话框,如图 17-24 所示。分别单击 B1 与"NDVI-去异常值"对应,B2 与"NDVI-Min"对应,B3 与"NDVI-Max"对应;在 Enter Output Filename 中设置输出文件的路径和文件名为"实验 17\结果\vegetation coverage.img"。单击图 17-24 中的【OK】按钮,完成植被覆盖度反演。

图 17-23 植被覆盖度计算表达式 　　　　图 17-24 选择植被覆盖度输出路径

六、思考与练习

思考植被覆盖度反演的作用与意义,植被覆盖度反演流程包含哪些主要步骤。

实验十八 面向洪水灾体信息的遥感数据融合

一、实验背景

在大型自然灾害中，由于灾害本身造成的通讯中断、交通设施毁坏等影响，导致在大型灾害发生时很难通过常规手段获取实时灾害信息。而遥感技术的快速发展提供了一种实时获取灾害信息的手段，通过各种航空和航天传感器，可以准确地获取实时的灾区数据。

然而，由于遥感数据本身存储着大量的信息，加上灾害发生时往往需要在短时间内处理大量的遥感数据，这就导致了灾害信息需求与遥感数据处理能力之间的矛盾。如何对这些遥感信息进行快速的处理，从而获取重要的信息应用于灾害救援中，已经成为当前遥感应用领域的一个重要研究方向。数据融合提供大量信息数据，是灾体信息快速提取的基本而必要的步骤。对洪水淹没范围进行检测，获取灾体信息，采用雷达图像与光学图形进行融合，以便于进一步提取信息。

二、实验内容

(一)实验目的

利用雷达图像和多光谱图像，分别运用不同的融合方法进行洪水信息提取，并对融合结果进行评价，选出针对洪水信息的最优融合方法。

(二)实验内容

(1)将灾中 PalSAR 图像与灾前 Landsat TM 图像进行融合。

(2)融合效果的定性与定量评价。

(三)实验数据

本实验中，灾中数据采用 ALOS PalSAR 图像；灾前数据采用 Landsat TM 图像。

路径	文件名称	格式	波段信息	地理位置
实验 18\数据\	sar	img	ALOS PalSAR	江西唱凯
实验 18\数据\	TM432	img	包含近红外(波段 4)、红(波段 3)和蓝(波段 2)三个波段	

三、实验步骤

(一)数据准备

(1)在 ENVI 中选择"实验 18\数据\TM432.img"，打开 TM 多光谱图像并显示，选择"实验 18\数据\sar.img"打开 PalSAR 图像并显示，如图 18-1 所示。

(2)图像配准。以 SPOT 图像为基准图像，对 Landsat TM 图像进行几何校正，使其与雷达图像精确匹配。在 ENVI 主菜单中选择 Map → Registration → Select GCPS：Image to Image；Base Image(基准图像)为"实验 18\数据\ sar.img"，Warp Image(待校正图像)为"实

(a) TM多光谱图像　　　　　　　　　(b) PalSAR雷达图像

图 18-1　TM 多光谱图像与 PalSAR 雷达图像

验 18\数据\ TM432.img"；选取合适的 GCPs；校正方法选择 Polynomial,次数 Degree 选择 2,重采样方法为 Nearest Neighbor,在 Enter Output Filename 中设置输出文件的路径和文件名为"实验 18\结果\TM-registration.img"。具体操作步骤参照实验五。配准结果如图 18-2 所示。

（3）雷达图像滤波。在 ENVI 主菜单中选择 Filter→Adaptive→Enhanced Lee,Input File 选择"sar.img",Filter Size 设为 3,Damping Factor 设为 1,Output Filename 存储的路径和文件名为"实验 18\结果\sar_filter.img",设置完成后如图 18-3 所示。具体滤波方法参照实验八中实验步骤（二）。滤波结果如图 18-4 所示。

（二）图像融合

（1）假彩色合成。分别用预处理后的雷达图像"实验 18\结果\sar_filter.img"代替预处理后的 TM 图像"实验 18\结果\TM-registration.img"的第四波段、第三波段和第二波段进行假彩色合成。合成结果分别命名为"s32.img"、"4s2.img"、"43s.img"。具体操作步骤参照实验三中实验步骤（一）。合成结果分别如图 18-5 至图 18-7 所示（彩图见封三），其中,2、3、4 分别表示 TM 的第二、三、四波段,s 表示 Radarsat SAR 图像。

图 18-2   配准后的光学图像

图 18-3   设置雷达图像滤波参数

图 18-4　滤波后雷达图像

图 18-5　假彩色合成图像(s32)

（2）HSV 融合。在 ENVI 主菜单中选择 Transform→Image Sharpening→HSV，RGB Input Band 选择"实验 18\数据\TM-registration.img"的三个波段，High Resolution Input File(高分辨率图像)选择"实验 18\数据\sar_filter.img"，Output Filename 融合结果存储路径和文件名为"实验 18\结果\hsv.img"。具体融合方法参照实验十中实验步骤(一)。融合结果如图 18-8 所示(彩图见封三)。

图 18-6　假彩色合成图像(4s2)

图 18-7　假彩色合成图像(43s)

　　(3)PCA 融合。在 ENVI 主菜单中选择 Transform→Image Sharpening→PC Spectral Sharpening,Multi Band Input Band 选择"实验 18\数据\TM-registration.img",High Resolution Input File(高分辨率图像)选择"实验 18\数据\sar_filter.img",Output Filename 融合结果存储路径和文件名为"实验 18\结果\pca.img"。具体融合方法参照实验十中实验步骤(二)。融合结果如图 18-9 所示(彩图见封三)。

图 18-8　HSV 融合结果

图 18-9　PCA 融合结果

（4）Brovey 融合。在 ENVI 主菜单中选择 Transform→Image Sharpening→Color Normalized(Brovey)，RGB Input Band 选择"实验 18\数据\TM-registration.img"的三个波段，High Resolution Input File(高分辨率图像)选择"实验 18\数据\sar_filter.img"，Output Filename 融合结果存储路径和文件名为"实验 18\结果\brovey.img"。融合结果如图 18-10 所示(彩图见封三)。

图 18-10　Brovey 融合结果

　　（5）Gram-Schmidt 融合。在 ENVI 主菜单中选择 Transform → Image Sharpening → Gram-Schmidt Spectral Sharpening，Multi Band Input Band 选择"实验 18\数据\TM-registration.img"的三个波段，High Resolution Input File（高分辨率图像）选择"实验 18\数据\sar_filter.img"，Output Filename 融合结果存储路径和文件名为"实验 18\结果\Gram-Schmidt.img"。融合结果如图 18-11 所示（彩图见封三）。

图 18-11　Gram-Schmidt 融合结果

(三)融合效果评价

1. 融合效果定性评价

通过融合方法的结果来看,能够区分洪水和正常河流的融合结果有假彩色合成(4s2)、假彩色合成(43s)、PCA 融合、Brovey 融合和 Gram-Schmidt 融合五个结果,但假彩色合成(43s)图像中的洪水与陆地区分不够清晰。假彩色合成(4s2)图像中正常河流为黑色,陆地为黄色,洪水为红色;PCA 融合、Brovey 融合和 Gram-Schmidt 法融合图像中正常河流为绿色,洪水为深红色。

2. 融合效果定量评价

本次研究选用标准差、熵与光谱扭曲度来进行定量评价。

(1)标准差反映了灰度相对于灰度均值的离散情况,标准差越大,则灰度级分布越分散。此时,图像中所有灰度级出现概率越趋于相等,图像的反差就越大,图像也就越清晰,融合效果也就越好。标准差计算公式为

$$\sigma = \sqrt{\frac{1}{n-1}\sum_{i=1}^{n}(x_i - \overline{x})^2} \tag{18-1}$$

式中,σ 表示图像标准差,n 为图像像元总数,x_i 表示第 i 个像元的像元值,$\overline{x}$ 为图像均值。

(2)熵的大小反映了图像携带的信息量的多少。融合图像的熵值越大,说明融合图像携带的信息量越大。如果图像中所有灰度级出现概率越趋于相等,则包含的信息量越趋于最大。信息熵定义为

$$H = -\sum_{i=0}^{L-1} p_i \ln p_i \tag{18-2}$$

式中,图像直方图的灰度范围为 $\{0,1,\cdots,L-1\}$,p_i 为灰度值等于 i 的像元数与图像总像元数之比,L 为灰度级总数。

(3)光谱扭曲程度直接反映了多光谱图像的光谱失真程度,光谱扭曲定义为

$$D = \frac{1}{n}\sum_i \sum_j |V'_{ij} - V_{ij}| \tag{18-3}$$

式中,V'_{ij} 和 V_{ij} 分别为融合后和原始图像上 (i,j) 点的灰度值。

由于其他图像目视效果不理想,只对假彩色合成(4s2)、PCA 融合、Brovey 融合以及 Gram-Schmidt 融合进行定量评价,定量评价结果如表 18-1 所示。

表 18-1　定量评价统计结果

图像	标准差	信息熵	光谱扭曲程度
原始 TM 图像	19.32	4.31	-
假彩色合成(4s2)图像	18.07	4.27	8.04
PCA 图像	19.24	4.89	9.04
Brovey 融合图像	4.42	3.23	22.34
Gram-Schmidt 融合图像	19.31	4.86	9.14

通过比较,可以得到以下结论:

(1)Brovey 融合图像的标准差比原始 TM 图像低很多;假彩色合成(4s2)和 PCA 融合图像与原始 TM 图像标准差接近;Gram-Schmidt 融合图像的标准差比原始 TM 图像高,分布更

均匀。

（2）假彩色合成（4s2）和 Brovey 融合图像的信息熵比原始 TM 图像低，信息量小；PCA 融合和 Gram-Schmidt 融合图像的信息熵都比原始 TM 图像高，但 Gram-Schmidt 融合图像比 PCA 融合图像的信息熵高，其信息量最丰富。

（3）Brovey 融合图像的光谱扭曲度最大，图像失真程度最大；假彩色合成（4s2）的光谱扭曲度最小，图像失真程度最小，融合效果较好。

通过定性比较和定量比较，在 Palsar 雷达图像和 TM 多光谱图像为数据源的面向洪水灾体信息的融合中，Gram-Schmidt 融合方法能够突出洪水淹没范围（深红色区域为洪水），标准差高，信息熵值最大，光谱扭曲度适中，是一种较为有效的面向洪水灾体识别的融合方法。

参考文献

邓磊,孙晨.2014.ERDAS 图像处理基础实验教程[M].北京:测绘出版社.

邓磊,谢东海,周西嘉,等.2014.遥感数字图像处理系统开发实践教程[M].北京:首都师范大学出版社.

邓书斌.2010.ENVI 遥感图像处理方法[M].北京:科学出版社.

董彦卿.2012.IDL 程序设计——数据可视化与 ENVI 二次开发[M].北京:高等教育出版社.

李小娟,宫兆宁,刘晓萌,等.2007.ENVI 遥感影像处理教程[M].北京:中国环境科学出版社.

梅安新,彭望琭,秦其明,等.2010.遥感导论[M].北京:高等教育出版社.

孙家抦.2013.遥感原理与应用[M].3 版.武汉:武汉大学出版社

韦玉春,汤国安,杨昕,等.2007.遥感数字图像处理教程[M].北京:科学出版社.

赵文吉,段福洲,刘晓萌,等.2007.ENVI 遥感影像处理专题与实践[M].北京:中国环境科学出版社.

赵英时.2013.遥感应用分析原理与方法[M].2 版.北京:科学出版社.